全国高校素质教育教材研究编审委员会审定

新世纪高校创新型人才培养系列教材

产品逆向工程

——机械产品设计自动化理论与应用

黄克正　编著

兵器工业出版社

内 容 简 介

　　本书主要依据在山东大学计算机辅助设计重点实验室设计自动化理论与技术开发方面的十余年来的研究进展而撰写，包括绪论、产品逆向工程的理论基础、产品逆向工程技术、产品逆向工程系统、产品设计知识积累与共享、基于 PRE 的创新设计技术、基于产品逆向工程的公差自动设计、PRE 综合应用实例等内容。

图书在版编目（CIP）数据

产品逆向工程：机械产品设计自动化理论与应用/黄克正编著．
—北京：兵器工业出版社，2009.4
ISBN 978 - 7 - 80248 - 321 - 7

Ⅰ. 产…　Ⅱ. 黄…　Ⅲ. 机械设计—自动化　Ⅳ. TH122

中国版本图书馆 CIP 数据核字（2009）第 020178 号

出版发行：兵器工业出版社
发行电话：010 - 68962596，68962591
邮　　编：100089
社　　址：北京市海淀区车道沟 10 号
经　　销：各地新华书店
印　　刷：北京市北中印刷厂
版　　次：2009 年 4 月第 1 版第 1 次印刷
印　　数：1 - 850

责任编辑：林利红
封面设计：张骐年
责任校对：郭　芳
责任印制：赵春云
开　　本：787×1092　1/16
印　　张：10
字　　数：195 千字
定　　价：23.00 元

（版权所有　翻印必究　印装有误　负责调换）

前　　言

随着全世界人口、资源与环境压力的日益增大，以及科学技术的飞速发展、经济和市场的全球化趋势带来的国际范围的竞争日益激烈，工程技术正起着越来越重要的作用，为经济建设提供工程技术人才的高等工程教育也需要不断调整与改革。

为适应国家工业发展的需要，我国高校也曾先后进行过两次大规模的院系调整。工科教学的课程体系目前存在的主要问题是：过分侧重工程科学知识，轻视工程实践训练；注重专业知识的传授，轻视综合素质与能力的培养；重理论轻实践、强调个人学术能力而忽视团队协作精神；重视知识学习而轻视开拓创新的培养等。

专业定向培养容易造成学生的知识面狭窄，学科教育难以使学生的自主性、创造性、学习能力和适应能力得到充分的发展。我国的工程教育明显缺乏个人发展能力、人际沟通能力和系统设计能力的培养，而这些方面恰恰是一个成功的国际化公司对一个合格的工程师所要求的。

为了应对经济全球化形势下的产业发展对创新工程人才的大量需求，以美国麻省理工学院（MIT）为首的世界几十所大学展开了 CDIO 工程教育模式改革。CDIO 是"做中学"的一种模式，它是对以课堂讲课为主的教学模式的革命。通过注重培养学生的项目构思、设计、开发和实施能力，以及自学能力、组织沟通能力和协调能力，建立符合国际工程教育共识的课程体系，CDIO 模式从 2000 年操作实施以来，取得了显著的成果，深受学生欢迎和产业界的高度评价。

设计是工程创新教育的重要课程，工程教育中已有多种相关课程。然而现有教学的高度抽象性和专业分类，学生得不到适当的观察、反省和逐步深入的设计经历。国外著名大学近年来十分重视设计教学研究和改革，例如美国得克萨斯大学、MIT 和美国空军研究院工程教育中引入基于现有产品分析和拆卸的"逆向工程"和再设计方法，提高了教学效果。

机械产品结构设计是形象思维为主的脑力活动，传统课堂专业教育效果较差，实习中也受时间和客观环境资源的限制，甚至工作多年的设计人员实际接触的产品结构也很有限。这些情况极大地限制了工程设计人员的结构设计能力的迅速提高。从设计理论方面讲，结构设计理论上不完善，对于千变万化的零件结构和产品结构，尚未有成熟的理论概括阐述。因而，过分依赖实践和经验，这从客观上增加了掌握机械结构设计的难度和时间。

现代反求工程是发展中国家技术进步的有效途径，是产品设计人员急需掌握的新兴设计技术。近年来作者在分析现有反求技术和理论思想基础上，研究提出了产品逆向工程（Product Reverse Engineering，PRE）的新概念及相应的理论框架，把实物反求阶段扩展到人类设计思维的反求高度；技术上实现了可操作的机械结构设计过程逆向求解，开发出了相应的软件系统 PreD，并通过众多机械产品实例应用得到了验证。本书在内容上系统、全面地论述了 PRE 的各个层面，从相关的理论基础——产品结构设计自动化理论，到产品逆向工程理念、技术和系统，并重点用翔实的设计实例介绍逆向产品工程的应用。

本书具有两大突出特点：（1）从理论上介绍最新的结构设计理论成果，统一对结构千变万化的认识，降低机械产品设计知识的学习难度；（2）将最新理论和软件技术应用于现有产品结构，为课堂教学提供更为科学的试验工具和手段，使设计人员迅速扩大产品结构知识，为设计人员创新设计能力的迅速提高创造有利条件。

为了提高阅读效果，为每章提供了思考题，从不同侧面反映了本书重点解决的问题，帮助读者理解本书内容。为了提高使用本书的效果，作者配合本书建立了在线网页（http：//www. automage. org/books/pre），提供了两类信息：（1）书中所使用的图片的彩色原图，特别是复杂结构和概念表达时所需要的图片，以便更清晰地显示产品的结构细节；（2）PreD 系统原型，以及基于该原型进行的应用实例的操作过程，读者可以在此基础上进行简单的实际操作而得到亲身体验，增强感性认识。

近年来，教育部和中国工程院共同启动了首批十所高校工程教育改革，以推动素质教育的广泛展开。本书紧密配合当前国内外工程创新教育改革实践，具有突出的理论高度和低廉的实施成本等优点，以满足工程教育领域广大师生的迫切需要，为加速创新人才的培养和提高实际工程技术人员的素质贡献一份力量。本书读者面向工科学校机械专业本、专科生和研究生，也可作为其他工程专业的设计教学参考书，以及广大工程技术人员和产品技术发明爱好者的技术参考书。

本书主要依据在山东大学计算机辅助设计重点实验室设计自动化理论与技术开发方面的十余年来的研究进展而撰写。其中，王艳东参与了第 2 章 LORD 原理和第 4 章部分内容的编写，杨金勇参与了第 5 章部分内容的编写，王卫国参与了第 6 章部分章节的编写，杨志宏参与了第 7 章部分内容的编写。感谢多年来众多硕士和博士研究生完成的大量研究和开发工作，为本书打下了坚实的基础。其中王卫国、李斌、鹿素芬、林淑彦等参加了 PreD 系统的开发；单连业、李景山、霍志璞、李沛刚、张营、宋政君、李巧云、姜娉娉、李旭东、杨波、潘伟、曹树坤、李长江等参加了 DARFAD 系统的开发；杨志宏、吕良敏、张勇、任怀伟、孟庆波、孙晓燕等参加了公差同步设计方面的研发；王静静、王伟、李健、贾伟玲等参加了 PRE 应用数据库的开发；王艳东、吴兰萍等参加了 LORD 设计原理的研发；陈洪武、刘怡、尚勇、杨金勇等参加了产品基因工程方面的研发工作。

感谢 863/CIMS 计划对本书第 2 章部分内容和 DARFAD 系统开发和研究提供的部分资助，感谢国家自然科学基金委员会对本书第 7 章内容给予的资助，以及国家教育部、山东省科技厅、省教育厅、省基金委员会等对本书理论研究和技术开发曾经提供的部分资助。

感谢鑫亚公司乌江先生、星科公司王继先生、聊城手表厂史方忠先生、雷音公司李新生先生、力诺公司倪超和李日升先生等曾给予的大力支持和帮助。

黄克正

2009 年 3 月

目　录

第1章 绪 论

1.1 全球化经济进步、技术竞争与创新人才

由于人类自身的生存与发展的需要，与客观外界环境自然提供的资源形式存在差别，促进了人类认识自然、适应自然和改造自然的社会文明的发展。区别于一般动物的被动适应能力，人类能够用自己的创造智慧能动地设计、制造人造物，进行改变客观生存环境的实践活动。这种活动是人类社会发展的关键，可以用式（1-1）表示：

$$需求 \xrightarrow{\text{设计、制造}} 人造物 \tag{1-1}$$

但随着人类需求的提高，所需要的设计与制造工作，不再是人类个体基本能力的范围。工程技术和社会工程逐渐形成，产品设计技术和生产制造工艺都得到了不断发展，现有工业行业技术与理论是人类不断总结实践经验和科学试验的结果。

即使是文明发达的现代社会，式（1-1）表达的这种活动仍是人类的最重要工作之一。随着技术经济的全球化，市场与产品的竞争成为企业间竞争的核心，而且逐渐演变为知识创新的竞争。由于市场经济竞争机制已渗透到各个领域，市场全球化使企业面临的竞争对手不断增多，面临的竞争压力日益加重。随着产品更新换代速度日益加快，市场寿命周期不断缩短，焦点就转移到产品创新的速度上来。同时，由于接触外界的机会增加，设计人员必须也能够通过现存产品与装备，学习人类智慧的结晶、继承和发展人类的创造能力。

中国已经树立了建设创新型国家的宏伟目标，核心就是把增强自主创新能力作为发展科学技术的战略基点，推动科学技术的跨越式发展，使科技发展成为经济社会发展的有力支撑。产品创新的关键是设计的创新，设计创新是实现产品创新的根本。创新需要更多的跨学科知识、更复杂的技术支撑和更完善的创新理论。据统计，80%的产品设计是在原有产品基础上进行的变形设计和自适应设

计[1]，如何利用现有产品中的所包含的知识和技术是实现产品创新设计的关键之一。

人才决定着未来的经济发展，培养造就富有创新精神的大批人才队伍，培育全社会的创新精神和创新文化，是建设创新型国家的艰巨的基础工作。实现技术进步一般通过技术引进和自主技术开发两条途径。两者都要以创新人才作为创造新技术、新产品的智力基础。

设计是工程创新教育的重要课程，工程教育中已有多种相关课程。然而现有教学的高度抽象性和专业分类，使学生得不到适当的观察、反省和逐步深入的设计经历。现代反求工程是发展中国家技术进步的有效途径，也是产品设计人员学习和掌握新技术的捷径。国外著名大学近年来在设计教学研究和改革中，引入基于现有产品分析和拆卸的"逆向工程"和再设计方法[2]，起到了良好效果。因此，深化产品逆向工程研究对促进技术进步和改革工程教育均有重要价值。

1.2　设计理论和实践难题

产品概念设计阶段处于产品设计的初期，具有较大的创新空间且直接决定着产品最终价值的 80% 以上[3]，故产品创新的核心是在概念设计阶段产生革新的、具有市场竞争力的概念。然而在最具创造性的（概念）设计阶段，人类对自身是如何进行创造的尚不清楚，对后续的设计制造工作产生了瓶颈限制作用。

传统的 CAD 系统提高了详细阶段的设计效率，对概念设计阶段却缺乏有力支撑，而且人脑的概念设计结果和手绘的设计草图并不能为计算机所直接使用。

目前，概念设计研究的难点和方向是有效设计理论的研究和相应技术开发，并与商用 CAD 的集成，从而形成计算机对产品设计自动化的更高层次的有力支持。

机械产品结构设计是形象思维为主的脑力活动，传统课堂专业教育效果较差，实习中也受时间和客观环境资源的限制，甚至工作多年的设计人员实际接触的产品结构也很有限。这些情况极大地限制了工程设计人员的结构设计能力的提高。

理论上讲，现有结构设计理论不够完善，对于千变万化的零件结构和产品结构，尚未有成熟的理论概括阐述。因而，形成了依赖实践和设计经验的现实情况，这从客观上增加了掌握机械结构设计的难度和时间。

当前国内外都很重视创新人才培养问题。创新型研究学者多数认为，绝大多数的人具有创新的禀赋和创造的潜能，通过学习、训练可以开发创新能力，激发创造潜能，但是只有创造实践才能真正形成创造力。国际上目前大学工程教育创新改革，主要是参与创新项目的实践活动，这无疑是正确的和至关重要的。然而实践需要综合性资源条件才能进行，如费用较高、周期较长、成功率难以保证等，结构设计需要经验，而经验又需要时间积累和失败教训的吸取。

人工智能的研究已经开展了几十年，在很多领域都取得了长足的进步。然而，在产品创新设计领域的应用水平还不是很高。因为在这个领域人工智能是在挑战人类最高智能，难度最大。

几千年来，人类大量的工程实践和经验总结，在产品正向设计方面积累了丰富的知识和技术，在理论上也有了很大进步。然而，在最具创造性的概念设计过程中，人类对自身是如何进行创造的尚不清楚。产品设计过程，特别是创新过程，仍然带有神秘色彩。

计算机技术的飞速发展促进了人工智能的发展，但是主要途径是人类智能的计算机化。例如，设计领域的专家系统，主要是收集人类设计专家的知识和按专家思路进行推理，近年来更有不少学者进行人类设计思维的记录、分析与归纳的研究。但是，对于创造活动本身，在人类尚未充分理解的情况下，计算机化就有很大的盲目性。

理论的进步将大大促进创新实践和人工智能研究的进程和成功，这也是客观上对创新设计理论提出的新要求。

1.3 设计自动化理论进展

设计自动化领域的研究与开发现状如何呢？以产品结构为例，结构设计将抽象的产品工作原理具体化为某类构件或零部件，是设计中至关重要的内容。然而，由于现实产品和零件结构千变万化，因此结构表达、结构构思过程描述等成为产品设计自动化的巨大障碍。目前，对于具体产品结构，甚至是简单结构，尚不能用可操作的构思过程逐步描述。可以说，产品设计领域尚处于理论不成熟的半理论、半经验的状态。产品设计理论的这种状况决定了产品正向工程的可操作性差、无可逆性可言、缺乏有效的（创新的）工程设计自动化方法和支持工具。现有设计理论研究，无法满足人类有效积累和重用设计知识和经验的愿望。

基于计算机完成主要设计任务的产品设计自动化，其前提是具有可操作的设计自动化模型。为了使设计程式化不影响设计过程的创造性，这种自动化模型本身必须具有高度的灵活性和通用性。由于产品设计活动的复杂性，尚没有公认的、涉及整个设计过程的、可操作的理论指导。

实现产品设计自动化，理论上需要解决几个世界公认的难题：

（1）设计的本质：设计的本质要求是要根据需要创造性地解决问题，这种本质认识要高度抽象、适用于设计的不同类型和不同阶段。

（2）设计的表示：对应统一的设计本质，需要相应的表示方法，要求该方法能支持设计全过程、各种设计类型和设计对象。这里的难点是上层设计的抽象功能与下层设计的形象表示的统一。

（3）产品的模型：由于产品世界和设计过程的复杂性，要解决产品设计自动化，需要理论性强的产品模型，以大大简化设计问题。

（4）设计过程模型：目前的设计过程理论内容主要面向具有设计知识和经验的设计人员使用。由于传统设计工作过程的神秘性、模糊性，缺乏可操作的设计过程理论。

本书将介绍近年来新研究提出的产品设计自动化理论思想，讨论这些新理念如何改进和克服设计自动化领域的上述几方面的困难，从而为设计人员创新设计能力的迅速提高创造有利条件。

1.4　产品逆向工程简介

1.4.1　逆向工程的发展现状与特点

从人类发展过程和现代经济技术发展可以看出，产品技术的正向开发虽然是主流，但逆向思想也普遍存在。在设计制造领域，任何产品的问世，包括创新、改进和仿制，都蕴涵着对已有科学技术的应用和借鉴。据有关资料表明，各国70%以上的技术都来自国外，要掌握这些技术，正常的途径都是通过反求工程[4]。可以看出，反求思维在工程中的应用源远流长。

受科技水平特别是人类思维水平的局限，自底向上的发展较为普遍。现代逆向工程也是从零件和局部发展起来的。在逆向工程的产生和发展过程中，由于逆向工程的出发点、侧重点以及应用场合等方面的不同，逆向工程在不同的文献中有不同的定义。

传统的"反求设计"概念主要是指快速生成已有产品的零件原型，从而加工出相似产品。美国军用手册定义："反求工程是通过物理测量现有零件以获取竞争力需要的技术资料而从功能上和尺寸上复制某一件物品的过程。更简单地说，反求工程是在没有正规技术要求的情况下通过测量零件以确定尺寸和可达到的公差的过程。"[5]

为了对已有产品进行改进和再创新设计，常常需要在短时间内设计出产品并用来与顾客交流或市场反馈，这时候，反求工程或逆向工程是一个有效的技术。经过几十年的发展，逆向工程已经取得了长足进展，形成了有独特的共性技术和内容的一门新兴交叉学科分支，并且有广泛应用。但是到目前为止，发达国家逆向工程的研究热点主要集中在三维重构技术以建立综合测量模型、快速成型技术实现零件的复制和方便维修，仿制文物及稀有工艺美术品以保护历史文物、延长艺术品的寿命。这些标志着目前绝大多数反求技术是面向单个实体零件的，主要应用在于非配合复杂曲面的实物再现。

然而，在机械制造工业中，零件在工作中与其他零部件实现精密配合的要求是普遍存在的。一般而言，机器的质量要求包括机器的性能指标、几何位置精度、运动及传动精度、工作效率和使用寿命等各个方面，所有这些必须依靠零部件之间的正确安装关系来保证。从工程应用的目的出发，反求工程的研究领域可以拓宽到工艺、材料、原理等方面的反求[6]，以设计方法学为指导，以现代设计理论、方法、技术为基础，运用各种专业人员的工程设计经验、知识和创新思维，对已有产品进行解剖、深化和再创造。

从广义反求的角度看，现行产品中的各种复杂高新技术，都存在如何认识、消化和吸收的问题。由于目前的理论和技术还无法提供再创造工具和工程方法，因而"广义反求"仍处于思维萌芽阶段。应该看到，人类研究工作的最终目标都是创新，包括仅通过仿造生产低价产品而获取低端用户的盈利为目的的广义创新。作为反求工程，顾名思义具有还原创新的延伸功能和含义，用"逆向工程"表达还原创新更为接近；考虑学科划分的严格性，我们把它限制于反求或还原的狭义范围，目的是为再创造奠定基础和创造条件。

1.4.2 产品逆向工程的定义

产品逆向工程：以产品设计自动化理论为基础，以计算机为主要工具，对现有产品进行测量、建模，逆向求解其设计过程和相关技术参数，从而全面掌握其设计思想、过程和结果，为进一步创新设计奠定技术基础。

该定义与传统逆向工程的区别主要有以下几点：

（1）把逆向求解从零件层扩展到产品层。

（2）把静态设计结果求解扩展到动态设计过程求解。

（3）把局部求解工具扩展到产品系统和整个设计知识系统。

产品逆向工程，必须具备相应的工程化技术和工具。在这方面，计算机技术和人工智能技术为充分利用计算机完成辅助逆向设计提供了技术基础。但是，对于产品逆向工程，产品"软件"部分的逆向设计存在较大困难。设计知识存在的形式有以下几种：

（1）实物：设备、产品、工具等。

（2）文档：产品研制报告，使用说明书，技术手册，技术图纸（最终成功产品）。

（3）软件：产品建模、设计分析程序、优化模型和程序等。

（4）经验：设计开发人员花了很多精力和心血最终完成了设计工作，设计开发过程是复杂曲折的，有成功的部分也有失败的部分，但都是重要的经验内容；对于最后成功的产品方案，前述形式的设计知识会有记录和总结，但是失败的部分就可能一带而过，甚至不留下任何痕迹。

由于设计过程只记录产生的设计结果以及相关的文档，而没有记录具体的决策过程以及产生决策的原因，这使得设计信息和知识的重用变得较为困难。而对于一般用户，则除了实物和文档外可能得不到任何其他有用的设计信息，很多情况下连详细的文档都没有。只有明确了设计过程，才能全面了解产品开发技术，为产品仿制、改进和创新奠定牢固的技术基础。如何建立产品设计信息模型，把相关的设计信息和知识以可重用的形式进行捕获、组织，并提供一定的服务进行重用，是当前产品设计领域研究的热点之一。

实践证明，要真正消化吸收引进的技术，需要打破经验的局限性，走基础理论与实践技术结合的道路。出于直接应用和近期应用等经济原因，目前反求工程应用得较好的实例，基本上仅限于快速成型方面，还没有形成可以推广的反求设计的完整理论。

对已有零件模型的反求，即使反求的结果惟妙惟肖，足以乱真，却也永远无法超越原有的零件，因为这只能是简单的模仿，并没有了解到最初的产品设计思想。而只有从产品反求设计历程所依赖的知识及其参数选择的各种规则中才可以窥见最初的产品设计思想及某些产品参数决策的方法。设计过程还原的研究，有利于总结现有实物原型成功的设计经验和设计方法，并加以完善和推广，从而达到提高自主再设计水平的目的。

根据逆向工程的发展和应用，基于产品逆向工程的产品开发过程可以用图1-1来简化描述。显然，这个过程包括两大阶段：从现有产品到产品原始需求的逆向求解阶段；根据需求及条件变化，追求创新产品的正向设计阶段。

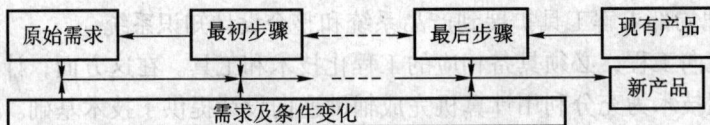

图 1-1   基于产品逆向工程的产品开发过程

1.4.3 实现 PRE 的工具原型系统 PreD

引进、模仿、创新、传播，是发展中国家技术进步的基本规律和缩小与发达国家之间的技术差距、实现现代化的必由之路。产品逆向工程是迅速改变技术落后状况，提高综合设计、决策水平和制造水平的有效途径，同时也是知识经济时代进行敏捷创新设计的有力工具。

PreD 是在 ACIS 平台下进行开发的，面向"第一台引进、第二台国产、第三台出口"战略，为制造业企业提升核心竞争力服务，提倡"引进、消化、吸收、再创新"的最新软件工具原型。该软件旨在帮助设计人员打破经验的局限性，快速消化吸收引进的技术，迈上技术理论与实践有效结合的自主创新道路。

该软件原型尚未商品化，本书介绍该软件的目的在于推广相关理论与技术，吸引更多的研究和开发人员，推进该研究开发领域的工作，以尽早实现服务社会的最终目标。

PreD 主要分为概念结构几何造型与装配模块、功能表面提取模块、设计过程反求模块及设计知识集成等功能模块。

PreD 具有坚实的理论基础，以广义定位原理等最新结构设计自动化理论为指导，减轻了设计人员考虑结构细节的负担；运用产品逆向工程理念，推动从实际成功范例走向新的成功产品的进程，提高设计者的概念学习与思维能力；促进企业消化、吸收、再创新，提高进入多样化市场的潜能，对最终产品中顾客重视的价值做出关键贡献，提升核心竞争力。

1.5　本书内容安排

本章概述了本书内容的背景、要解决的理论与技术问题，以及产品逆向工程的简单介绍。

第 2 章将给出基本的概念和相关的设计新原理，从理论上阐述机械产品设计自动化难题的解决方案：分解重构原理体现了设计的创新本质，功构统一原理理顺了设计表达关系，广义定位原理简化了产品的模型，生长设计过程原理提供了可操作的动态设计过程理论模型。在这些理论基础上，引入了具有可操作性而不失通用性的产品设计自动化模型。

第 3 章论述产品逆向工程需要的关键技术；第 4 章详细介绍了 PRE 工具原型系统 PreD 软件；第 5 章到第 8 章则分别从创新设计、公差设计和产品实例库方面，介绍了 PRE 应用技术和应用实例。

思　考　题

1. 根据机械工程的特点，分析机械产品创新的难点。剖析现有工程教育的现状及改革的途径。

2. 简述现有产品概念设计理论研究与软件工具开发存在的问题。

3. 分析说明机械产品设计自动化四大问题在设计实践中是如何解决的，与设计自动化要求有什么差距？

4. 产品逆向工程的定义有哪些特点？对于学习和掌握产品创新设计有何促进作用和价值？

5. PreD 是一个什么样的软件系统？举例说明与传统反求软件的区别。

参 考 文 献

[1] 蔡军. 全生命周期成本中的产品成本设计思路分析. 中国管理信息化（综合版）. 2006，(12)：8 - 10.

[2] K. L. Wood, D. Jensen, J. Bezdek, K. N. Otto, "Reverse engineering and redesign：Courses to incrementally and systematically teach design", Journal of Engineering Education, Jul 2001.

[3] Nevins J. L. , Whitency D. E. Concurrent Design of Products and Process ［M］. NewYork：McGraw – Hill Publishing Company, 1989.

[4] 刘之生，黄纯颖. 反求工程设计 ［M］. 北京：机械工业出版社，1992.

[5] Wayne S. Chaneski. Reverse Engineering：A Valuable Service. Modern Machine Shop, Vol. 70, No. 9, 50 - 58, 1998.

[6] 刘影，杭九全，万耀青. 反求工程与现代设计，机械设计，No. 12, 1 - 4, 1998.

第2章　产品逆向工程的理论基础
——产品设计自动化理论概述

产品逆向工程的前提是存在可操作并且可逆的产品正向设计开发过程。几千年来，人类大量的工程实践和经验总结，在产品正向工程方面积累了丰富的技术知识，在理论上也有了很大进步。然而，在最具创造性的概念设计过程中，人类对自身是如何进行创造的尚不清楚。产品设计过程，特别是创新过程，仍然带有神秘色彩。以产品结构为例，结构设计将抽象的产品工作原理具体化为某类构件或零部件，是设计中至关重要的内容。然而，由于现实产品和零件结构千变万化，因此结构表达、结构构思过程描述等成为产品设计自动化的巨大障碍。目前，对于具体产品结构，尚不能用可操作的构思过程逐步描述。可以说，产品设计领域尚处于理论不成熟的半理论半经验的状态。产品设计理论的这种状况决定了产品正向工程的可操作性差、无可逆性可言，以及缺乏有效的创新工程设计自动化方法和支持工具。现有设计理论研究，无法满足人类有效积累和重用设计知识和经验的愿望。

本章将重点介绍近年来新研究提出的产品设计自动化理论思想，使产品设计过程具备可操作性和可逆性，从而为产品逆向工程奠定理论基础。

2.1　设计自动化总体模型

基于计算机完成主要设计任务的产品设计自动化，其前提是具有可操作的设计自动化模型。为了使设计程式化不影响设计过程的创造性，这种自动化模型本身必须具有高度的灵活性和通用性。本节将给出基本的概念定义，介绍相关的设计新原理，进而引入一种通用性很强的产品设计自动化模型。

2.1.1　基本定义

对于产品这个概念，涉及繁多的内容，由于不同观点、理念、技术及其历史因素的影响，产品定义也就五花八门。这里我们从本书目标出发给出我们的产品定义：

产品：按照人类生活和生产的需要，专门设计、制造和装配成的、经济合理的、具有特定功能与结构的物品或系统。

设计：设计是人类的基本活动之一，是人类改造客观世界的关键步骤。设计活动的基本内容涉及产品开发的一系列活动，包括从最初的产品外观构想，到市场分析定位、市场开发、技术实现，以及设计管理等多方面的内容。产品设计是产品开发的关键内容，是技术活动的核心，涉及产品开发的方方面面。由于本书重点放在技术领域，因此定义中将忽略商业运作等因素。

产品设计：按照用户的需求，分析使用目的和客观条件，利用人类相关知识和认识，构思出满足性能要求、可制造性、可装配性、经济性好等约束的产品，并按符合工业生产标准的格式描述设计结果的活动总称。

在该定义中，主要有两方面：在功能方面，按照用户的需求，完成产品功能结构的建立和评价；在结构方面，从产品的环境边界，完成产品内部结构的创建、组织和评价。设计的实质内容是在功能引导下构造出满意的结构解。

设计表达：因为产品带有社会的属性，任何产品都要表达出来，才能进入社会交流。随着产品结构的复杂化和产品生产和制造的社会化，参与设计与制造等活动的人们需要相互交流，设计的表达成为工程界的语言问题。随着设计问题的复杂化，设计团队成员之间也需要相互交流。计算机系统参与设计过程后，人机交流成为重要的人机界面问题。最后，事实上作为设计者个人也需要良好的设计表达，记录设计过程和设计构思过程，帮助记忆，以便进一步思考完善。传统设计表达重点在设计结果的表达，而在设计过程和构思过程的表达方面，则缺乏应有的功能。

设计过程：由于产品设计活动的复杂性，尚没有公认的、涉及整个设计过程的、可操作的理论指导。从大体设计顺序方面有自上向下和自下而上两种观点。在实际设计过程中，两种顺序都存在，因此经常要进行反复再设计。分阶段的自顶向下设计过程理念的使用较为普遍，例如，产品开发工作可以分为三个阶段：掌握设计时机；确立产品概念；实现设计创意。[1]第一阶段包括决定是否进行新产品开发的所有研究工作，第二阶段包括决定新产品预想效果的工作，最后一阶段是保证新产品达到最佳品质的阶段。这是人们进行设计工作的一般顺序，是一种自顶向下的过程模式，较适合具有丰富设计知识和设计经验的人们。

明确了产品的需求和功能，并且确定了产品设计结果——结构的表达方式之后，最重要的就是如何完成具体设计任务，即如何逐步设计出新产品并得到相应的、准确全面的产品设计结果的描述。按照传统设计观点，产品设计分为概念设计、结构设计和详细设计三个阶段。实际设计实践中，无法严格按照这个分段自顶向下完成设计。首先，设计本质上是创新设计，设计过程中会产生多种产品方案，不同方案在设计初期比较和选择困难；而且，现行设计理论只给出大体阶段划分，没有给出可操作的具体设计步骤，很多设计决策需要设计人员解决。

本书提出一种新型的产品设计过程模型。它是基于广义设计优化过程，具有可操作性，适于目前情况下人机配合快速进行产品设计和开发。

产品设计过程：主要由三个有机顺序连接的阶段组成：

（1）分析细化原始需求，建立产品原型；

（2）根据需求和知识创建产品功能系统，形成初始产品功能结构方案；

（3）扩展产品需求和知识范围，探索产品多方案、优选方案并实施。

第一阶段，主要是搞清产品设计的根源，明确基本需求，以免出现认识差错；这里需要实际需求的观察和分析能力以及需求表达能力：观察实际问题，透过现象看到本质，抽象出需求模型，即产品原型。

第二阶段，需要一定的知识及运用知识的能力，按需求推理得出产品功能组合系统，并最终建立第一个产品功能结构方案；这里还需要进行产品描述，即产品系统分析，零件信息表达，支持产品方案的创建过程。

第三阶段，需要更广泛的知识和分析需求变化和潜在需求的能力，在初始产品功能结构方案基础上，在需求和功能实现手段上进一步扩展，快速创建众多产品方案，并评价、优选后进行详细设计。在产品探索中，需要应对需求变化、快速实现过程操作、具备新产品概念综合等能力，以免创建无用和错误的方案。

例如，我们在设计热水杯时，从实际操作步骤上，大体分为以下三步：

（1）基本需求分析与原型建立。

基本需求：存放热水，手持送近嘴边喝水，不用时放平面上。

原型建立：盛水容器，开口用于喝水，外壳圆柱形适于手握持，底为圆平面。

（2）根据需求和知识创建产品功能系统，形成初始产品功能结构方案。

附加需求：热水保温，显示温度。

初始方案：考虑附加需求、可制造性、可装配性和经济性等；圆平面底与常温圆柱面组成外壳；热水由圆柱形内胆存放，内胆与外壳间隔热层保温，外加上盖以保温，上盖与下体用螺纹连接；上盖分内胆与外壳两部分，用黏结剂粘为一体；上盖内部安装一热电偶，外部安装温度显示器。

（3）扩展产品需求和知识范围，探索产品多方案、优选方案并实施。

扩展需求：根据用户反馈意见，初始方案由于高温水和螺纹连接经常扭转而存在黏结剂失效问题，需要改进。

新方案探索：机械结构黏结技术改进或更换连接方案。①使用者为了盖紧，往往力量过大，超过了黏结强度。因此增加盖拧紧时的旋转力度控制；②采用黏结强度更高、稳定性更好的黏结剂；③采用机械结构增强上盖外壳与内胆之间的扭转定位。显然，上述三个方案中，方案②实施最为简单，但仍存在原来的失效风险；方案①和方案③需要结构改变，实施复杂，成本提高较多。

设计表达和设计过程的关系：这两者是产品设计中的基本问题。设计表达属于静态的，设计过程则是动态的。然而两者具有密切的、相互依存的关系：

（1）表达简练，则设计过程就简单明了；反之，设计过程就会显得繁琐而冗长。

（2）表达能力强，则适于任何类型产品的设计过程，比如创新设计；反之，在实际设计实践中就会大受限制。

产品设计需要一种强有力的描述工具。传统的工程制图应用普遍，表达力强，在标准化的基础上可以完成任何设计结果的表达；但是，这种方法描述的层次较低，对设计人员和绘图人员的要求较高，需要较长时间的培训。应用计算机自动绘图更加困难，因而可以说这是一种面向人的描述方法。计算机化技术发展起来以后，又产生了很多新的描述方法，但是真正面向计算机、适合计算机自动设计的描述方法尚不存在。

2.1.2　基本设计原理简介

一个好的设计自动化模型应该支持创新设计活动，有效发挥人和机器的作用，简化产品结构表达和设计过程表达。根据设计自动化模型的上述要求，本节重点讨论设计描述和设计过程模型中需要的基本设计原理。进一步澄清上述定义是否具有创新潜力，即能否支持创新过程，设计人员在设计中的作用和地位，计算机系统的设计能力，产品描述和知识表达中人机界面问题和有机协调问题等。

1. 分解重构原理

设计的创新本质：设计工作本质上讲属于创新和创造性的活动。完全复制现有产品没有意义，从设计工作的动态性和环境不断变化的特点来说，设计是广义创新和创造过程。能否支持创新过程是衡量一个设计自动化模型的关键指标，其中，具有创新潜力的形式化设计过程至关重要。

从任何新发明的事物都是由现实世界中的物质构成的事实可以看出：创造发明虽然产生了物质世界不曾存在的物品，其本质是已有物品的分解与重新组合构造，新发明是现实世界的结构的重构。从创新设计这一人类智能的最高境界出发，研究发明与发现的关系，把哲学高度上的分析与综合的辩证关系应用于设计问题，可得到形式化的基本模式——分解重构。[2],[3]

分解重构原理：根据创新目标要求，分解设计要求、环境条件、设计内容和过程，然后有机地重新构成新的设计过程和产品概念方案与具体结构。

本书设计自动化模型是基于分解重构原理建立的，为了保证创新途径的畅通，从原始需求分析到各种功能方案和结构实现手段等方面都体现了分解重构的特征，保持了设计过程创新的潜力。

2. 功能—结构统一原理

一个集成统一的自动化设计模型，应该能够同时满足功能与结构的表达要求，能够同时达到概念设计与结构设计的要求。为了改进产品需求表达、结构表达和设计过程的可操作性，提高表达的准确性，同时保持通用性，并达到适合计算机表达的目标，下面介绍功能表面概念，讨论如何兼顾达到这些功能要求。

在客观世界中，一切物体都有外表面，它是一个物体的边界，是确定其与客观世界中所有物体关系的基本依据。机械产品都可以认为是由一系列零部件组成的。如图 2-1 所示为机械产品中常见的两个物体。其中，电机作为一个部件，螺母作为一个零件。每个零部件都是由一系列外表面组成，常用几何表面有平面、圆柱面、圆锥面、球面等。有些表面既表达了具体的零件结构，又承载着零件的具体功能。例如，电机轴上有两个小平面，改变了轴的圆柱外表面形状，同时在联结时起到传递扭矩的功能作用。而有些表面只充当外观表面，并不与其他零部件接触，可以称为自由表面。零部件上与其他零部件接触的表面是该零件在产品中起什么作用的关键，因此称为功能表面。[4] 这里讨论产品内部结构，不把自由表面列入功能表面类中。

图 2-1　零部件表面组成
(a) 电机；(b) 螺母

功能表面是实际零件的表面在需求、设计、制造、装配和使用、维修直至报废的整个生命周期内所表现出来的多种功能集于一体的抽象物质单元。功能表面作为功能结构的载体，具有功能—结构的二元性，如图 2-2 所示。

首先，它是产品结构中承担某一特定功能的表面，是产品功能的范畴；其次，它是一个表面——产品结构的基本要素，又属于产品结构的范畴。这样，功能表面既是实现产品功能的基本单元，又是产品结构的基本单位。因此，用功能表面作为信息载体——功能与结构的中间媒介，可以在产品设计过程中

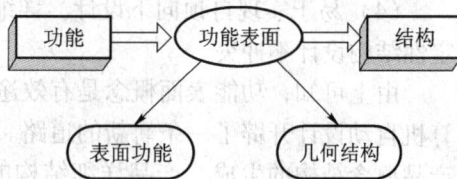

图 2-2　功能表面模型

在功能与结构间有效地传递信息。

例如，在考虑产品运动功能设计时，表面与表面之间的相对运动是实现任何复杂运动的基本组成元素，机械产品正是通过这种运动来完成需求功能，通过表面间的位置、尺寸误差实现产品制造与装配，表面的磨损、变形、破裂、再生、再利用等问题直接涉及产品的使用、维修和报废。因此，零件功能表面是决定机械功能的重要因素，它的设计是零部件设计的核心问题。

由于功能表面只是零件上起作用的表面，因此由功能表面组成的零件不是完整的零件信息。从零件的封闭外壳考虑，缺乏自由外观表面；从零件上表面之间的关系方面，功能表面主要记录了定性信息，例如平面法矢和圆柱面轴线，而定量信息只是形象表达的作用。所以，基于功能表面的表达具有抽象表达的部分特性。用功能表面表达概念零件具有下面的特点：

（1）定性表达。重点表达方向性和相对大小，而具体参数值尚不确定或可以随时改变。

（2）具体结构特性具有不确定性，在后续具体结构设计中可以改变。例如，图 2-3a 所示的凸台，经过表面 A 和 B 位置的变化，变为图 2-3b 所示的凹槽。

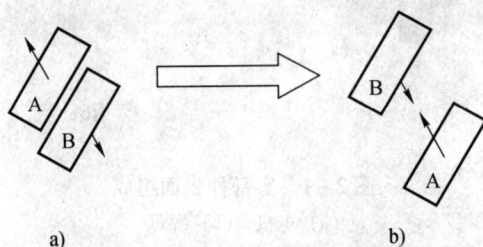

图 2-3　结构表达的不确定性（箭头表示表面的法向，指向实体外面）
a）凸台；b）凹槽

（3）整个产品布局变化灵活。一个零件改变仅把配合表面相应修改即可。

（4）易于实现自顶向下设计。详细设计阶段用具体形状实现，与整体布局、定性结构设计不冲突。

由上可知，功能表面概念是有效途径之一，基于功能表面概念的表达，为计算机自动设计开辟了一条崭新的道路。从初始的需求分析、产品原型的建立，到产品概念结构的生成、产品详细结构的逐渐细化，以及后续生产和装配等的需要，功能表面具备集成和统一的巨大优势。可以说，功能表面概念的应用避免了人类语言的歧义性和抽象性，奠定了功能—结构统一原理的基础。

功能—结构统一原理：基于功能表面把产品的功能和结构有机组合起来，全面、系统、统一、准确地表达设计需求、产品结构和设计过程。

这是一个设计表达原理，体现了功能与结构的不可分割的特性，还原了产品功能与结构关系的本来面目。

3. LORD 原理

设计对人智力的基本要求如下：智力是指人们认识、理解客观事物，并运用知识和经验等发现问题和解决问题的能力。从设计过程的三个阶段分析，对人智力有对应的基本要求：观察力、记忆力和创新思维能力三方面，如图 2 - 4 所示。针对设计实践的需要，人和计算机在这些方面各有优缺点。人的观察力强而灵活，计算机的观察力弱而且受局限；人的记忆力差而模糊，计算机的记忆能力强大且准确；人的创新思维能力强，计算机则逻辑性强而创新性差。

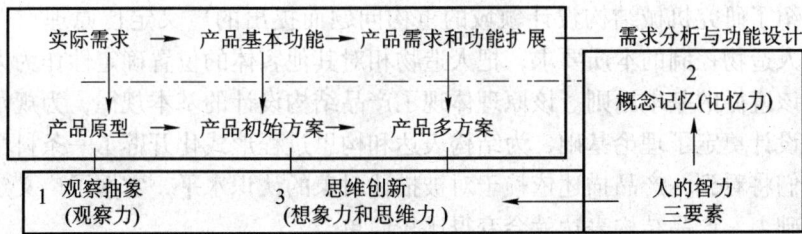

图 2 - 4　产品设计中人的智力三要素

如上分析，到目前为止，人类和计算机之间还是各有千秋，合理分工的人机交互式工作系统仍是主流模式。产品需求阶段，主要利用人的能力和知识；在思维创新方面，需要充分发挥人的创造性，开发计算机功能；而在设计过程中，需要充分利用计算机的强大记忆力，包括互联网的信息获取能力，以减轻人的思维负担。

为了提高人的需求分析能力并逐步增加计算机在需求分析领域的作用，后面将详细介绍"以人为原型的设计（LORD）"原理。该原理适用于需求分析和获取阶段，它是深入挖掘产品设计的目的性和为人类服务的终极目的的基础上提出的[5]，把人机关系应用到产品设计的需求分析阶段，建立了直接从"人"和环境获取需求并用"功能表面"形象表达需求的功能，提高了需求和原始产品模型的获取能力，为计算机参与产品设计的初始阶段开辟了具体而实际的新途径，并具有在后续设计过程中继续深入利用基于人原型的功能、结构、信息等模型的潜力。

4. 广义定位原理

结构设计将抽象的工作原理具体化为某类构件或零部件，是设计中至关重要的内容。结构设计不仅要使构件满足实现其工作原理的要求，还要顾及诸如力学、工艺、材料、装配、美观、成本、安全、环保等众多其他要求和限制。结构的差别能导致整个产品的技术性能的显著变化，成为现代技术产品的竞争焦点。然而，现实产品和零件结构千变万化，在结构表达、结构构思过程描述等方面，成为产品设计工作的巨大障碍。结构设计涉及具体繁杂细节并在很大程度上依靠设计人员的经验知识。实践表明，绝大多数机械故障、质量问题，是错误或不合理的结构细节所致，有时可能导致整个产品功能失效。结构设计实践与理论研究处于萌芽阶段，结构设计知识系统性与理论性差。基于经验性总结的机械结构合理设计原理[6]，用结构概念、图纸语言和工程实例进行阐述的思想等，表现出对于多样性和复杂性结构设计规律性的总结远远不够。

针对产品设计领域结构千变万化而缺乏规律的现状，本书基于分解重构原理，介绍了研究机械结构设计领域的重构问题而提出的广义定位原理[7]：根据人类对人造物控制的本质要求，把人造物相对其他客体的位置确定性作为人造物设计应该遵循的基本原则。该原理体现了产品结构设计的基本规律，为规范和简化结构设计奠定了理论基础，为结构表达和构思过程形式化开辟了一条科学新途径。我们将看到，产品描述依赖于对被描述对象的认识水平，掌握了广义定位原理的基础上，产品结构表达就会变得比较简单。

5. 生长设计过程原理

探索适合计算机处理的方法本身就是一种创造性活动。因此，我们应用分解重构原理，将产品设计的内容和过程进行全面的分解和分析，然后在新的需求和环境（人为输入后计算机自动处理）下重新综合出满足要求的计算机设计自动化模型。这种模型基于设计知识的分解重构和有机组织，可以形象地表示为图2－5a所示的简化机制[8]：设计知识的分解重构是基础，在社会需求（同样经过分解重构处理）的推动下，作为"自动设计车"的"轮子"，D&R表示的分解重构机制将循环往复不断向前滚动，逐步把设计知识与社会需求结合而转化为产品结构组分，并最终完成产品技术结构设计。

分解重构机制借鉴生物细胞生长原理，如图2－5b所示，实现了设计过程的生长模式重构。[9]产品生长型设计反映了设计信息由少到多、由简到繁的综合过程，构成了从无序到有序、从低级到高级的产品设计生命周期。整个设计过程类似于生物个体的生长过程，零件通过其功能表面生长出新零件，就像生物细胞的分化过程一样，将每个零件看做一个个细胞，将最终的产品看做一个生物个体。

产品生长型设计过程中，每个零件的产生是建立在功能表面的分解重构

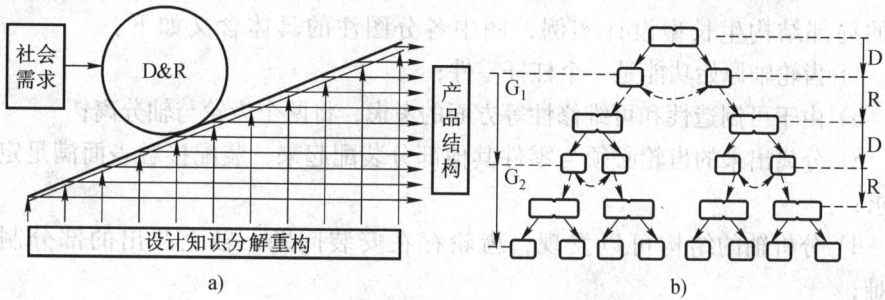

图 2 - 5　生长型设计自动化机制
a) 简化机制；b) 分解重构机制

基础上的。从产品原型中分解出实现特定功能的各功能表面，重构出替代该功能表面功能的各概念零件或部件。图 2 - 6 给出了一个工程设计实践中常

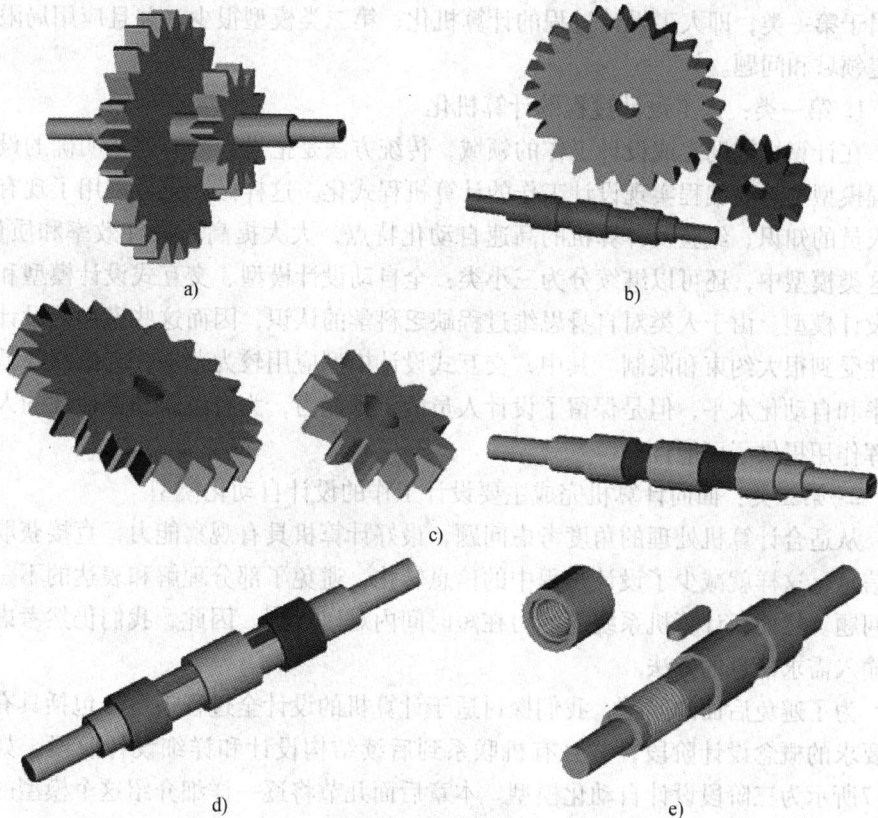

图 2 - 6　机械设计实践中的自顶向下生长型设计实例
a) 原始功能零件；b) 两个齿轮分离；c) 零件的接触表面；d) 轴分析；e) 轴进一步分解

见的局部结构生长型设计实例，图中各分图注的具体含义如下：

  a）齿轮轴原始功能是一个杠杆零件；

  b）由于可制造性和可维修性等方面的考虑，将两个齿轮与轴分离；

  c）分离出来的齿轮必须与零件其他部分装配起来，装配接触表面满足定位要求；

  d）分析轴的结构可以发现，齿轮存在安装问题，轴上凸出的部分制造困难；

  e）上面问题继续推动结构的发展，将轴进一步分解出挡套和平键等。

2.1.3　设计自动化模型

  如果从计算机内部工作的方式分析，可以分为两类模型。目前，绝大多数系统属于第一类，即人工设计过程的计算机化；第二类模型很少，并且应用局限于特定领域和问题。

  1. 第一类：人工设计过程的计算机化

  在计算机辅助完成设计工作的领域，传统方法是把设计内容建立明确的设计过程模型，然后编程实现设计工作的计算机程式化。这样做，充分利用了现有设计人员的知识、经验及计算机的高速自动化特点，大大提高了设计效率和质量。在这类模型中，还可以继续分为三小类：全自动设计模型、交互式设计模型和智能设计模型。由于人类对自身思维过程缺乏科学的认识，因而这些模型的设计创造性受到很大约束和限制。其中，交互式设计模型应用较为普遍，它虽然降低了效率和自动化水平，但是保留了设计人员的干预能力，为有经验和创造性的人员发挥作用提供了可能性。

  2. 第二类：面向计算机完成主要设计工作的设计自动化模型

  从适合计算机处理的角度考虑问题，最好计算机具有观察能力，直接获取需求信息，这样就减少了设计过程中的信息转化，避免了部分理解和表达的不一致性问题。然而，计算机系统的能力在短时间内难以达到。因此，我们仍然考虑人为输入需求信息的方法。

  为了避免后面的问题，我们探讨适于计算机的设计全过程模型，包括具有创新要求的概念设计阶段，并且有机联系到后续结构设计和详细设计阶段。如图2-7所示为三阶段设计自动化模型。本章后面几节将逐一详细介绍这个模型的三个阶段。

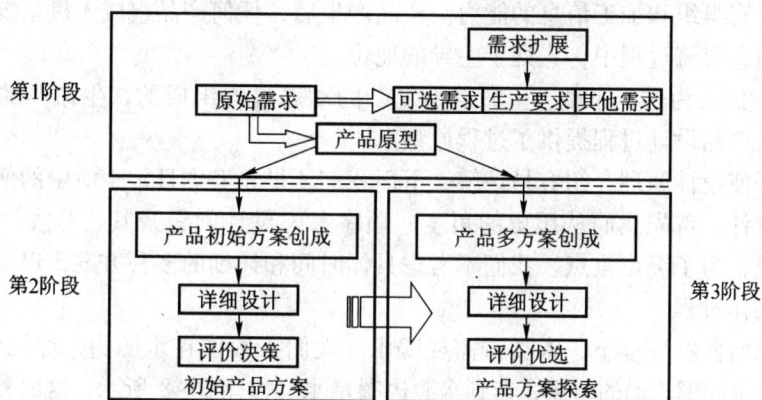

图 2-7　设计自动化总体模型

2.2　需求分析与产品原型建立

需求分析是产品设计的第一步，也是关键的一步。就像解题时，理解题意那样重要。一方面，题意是解题的依据，题理解错了，就不可能有正确的解答；另一方面，对题目的理解层次和角度不同，也影响解题方案的优劣和速度的快慢。

由于实际产品设计的复杂性，以及对产品要求的多种多样，缺乏经验的设计者很难区分设计要求的先后顺序和应该考虑的需求的轻重缓急。

2.2.1　以人为原型的设计（LORD）原理

从自然和社会的角度研究产品的起源和形成过程，为自顶向下的产品设计提出了一种新型的设计理论——以人为原型的设计自动化理论（LORD）：人作为具有最高智能的生命系统，可以看做是设计过程中产品的功能、需求、信息、结构和过程的原型。

（1）以人为需求原型。人有各种各样的需求，满足人的需求是产品设计的基本动机和最终目的。以人的原始需求为出发点来考虑产品设计，有助于建立人与产品之间内在的联系。

（2）以人为功能原型。人类在漫长的发展历史过程中，逐渐进化为在各种功能之间具有层次结构和多重反馈机构的有机统一体。产品替代、拓展、延伸了人的功能，人是最完备的"产品"，机器应该向人学习，向人自身学习。

（3）以人为结构原型。比如义肢则属于典型的简单替代人的结构的产品。又例如，在仿生学领域模仿生命系统的结构，进行机械结构设计。

（4）以人为信息原型。人本身就是一个信息系统，既有接受和认知信息的能力，又有组织和加工信息的能力。产品产生后，任何产品组成人机系统，在人与机的信息交流过程中，人处于主导的地位。

（5）以人为过程原型。生命是由复杂的动态过程组成的，生命体的生长进化过程为产品设计过程提供了过程原型。

为了使设计原理介绍容易理解，下面我们还是先考虑日常生活中的例子——热水杯设计。首先我们从历史的角度，顺序考虑设计问题及其逐步发展演变过程。这里，为了突出重点，我们不考虑具体时间和详细的多种方案，以及失败的设计和制作过程。

在原始自然环境下，人类就需要喝水。人们一般住在水源边，如江河湖泊、山泉瀑布等周围。渴的时候，走到水源边喝足水，如图 2-8 所示。这时候，水是储存在"大容器"（江湖等）中。开始人们也许会把嘴伸到水中吸水喝，但感觉不够方便。就有人用手把水从"大容器"中捧一些（"分离"部分水）送到嘴边，然后用嘴喝下去。这时候，手是作为"小容器"使用的，胳膊带动手完成送水的任务。这个"小容器"随身携带，随需随用，非常方便，自然"天"成。然而，手是个万能工具，经常要干其他事情，包括接触脏东西。而且，这个"容器"的容量很小，效率不高。是否有其他合适的"容器"呢？聪明的人很快发现，很多有凹坑的东西可以容水，像有些大树叶、水果壳。稍微加工一下，就可以得到更有效和方便使用的"容器"，如把老熟的葫芦剖成两半，做成勺子（瓢勺）。这时候，人们就可以用手抓住这些基本"天然"的容器，运动胳膊，送水到嘴边。

图 2-8　原始需求"渴"的满足

这里我们采用以人为原型的设计（LORD）原理：认为产品是为人服务的，

是人的功能和结构的延伸，是产品设计的最原始依据。例如，人需要喝水，在原始环境下要用手捧水送到嘴边。手盛水的效率较低，人自然想找到适当"器皿"代替手的盛水功能。人在与大自然或人造环境的相互作用中，产生了对产品的需求。因此，产品要操作和处理的对象——"工件"，以及其所在的环境，即水和河边，也是产品设计的最原始依据。根据这些最原始依据进行初始设计，就得到了产品的"原型"，也就是最基本的需求和使用环境：人在自然水源环境下手持之以取出一定量的水，由嘴喝而解渴用的"容器"。基于 LORD 设计原理，"水杯"则认为是从舀水用"手容器"分离出来的，是人功能的扩展。

以水杯为例，介绍利用基于 D&R 原理的生命系统（人）原型进行需求分析的过程。

1. 分析原始需求

作为产品的杯子，是帮助取水间接满足"口渴"的需求；"口渴"是原始需求，人本身是用手帮助取水而达到解渴的目的。可以说，从需求原型角度分析，手是杯子的原型，即需求原型。搞清楚了需求原型，就为源头创新和多方案求解奠定了基础。

2. 分析原始功能

杯子是如何满足原始需求的？这可以从手的作用分析开始，人用手捧水，送到嘴边，用嘴吸或接水，喝到胃里解渴；在这个人满足"口渴"需求的机理中，人手的功能是不漏水的"容器"，如图 2-9a 所示。

3. 分析结构原型

人手是由十指并拢形成的临时开口"容器"，如图 2-9b 所示。

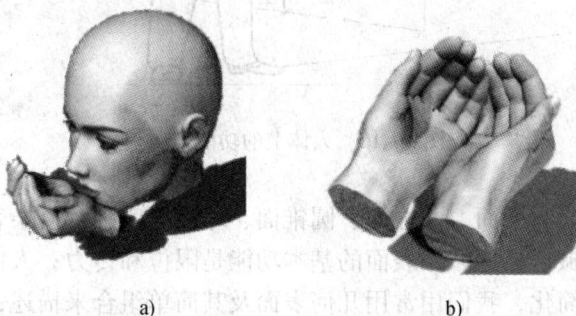

a)　　　　　　　　　　b)

图 2-9　手的"容器"功能

a）人手作为不漏水的"容器"；b）人手作为临时开口的"容器"

4. 分析信息原型

人手形成的"容器"根据人的观察、思维判断和指挥完成。

5. 分析过程原型

人手经历"容器"形成、盛水、移动和最后复原等动作。

上述3~5部分的分析，似乎与杯子没有关系，但是作为完整的需求分析，是很有必要的。

2.2.2 基于功能表面的需求表达

在传统设计初始阶段，主要进行需求分析和功能设计，通用的表达方式是自然语言。例如，人们喝热水用的杯子。具体热水的特性和杯子的含义，需要设计人员根据常识和专业知识判断和理解。这种表达比较抽象和模糊，因而具有一定的通用性，然而，其可操作性较差，需要以丰富的知识和经验为基础。下面我们采用功能表面来表达产品的原始需求。

首先我们考虑人体上某些功能表面，如图2-10所示的眼、耳、嘴、手、脚等。

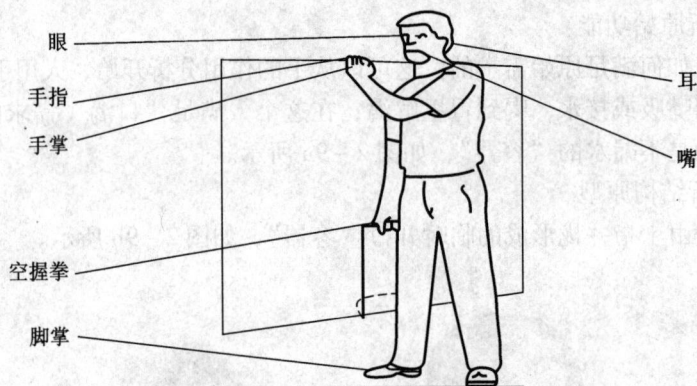

图2-10 人体上的功能表面

常用几何表面有平面、圆柱面、圆锥面、球面等四种，复杂表面可以由它们组合而成。在机械产品领域，表面的基本功能是限位和传力；人体上的表面都是复杂表面，为了简化，我们用常用几何表面及其简单组合来描述；由于人体表面部分均具有多种不同的功能，我们用人们常用的名称简单描述其功能。人体上常见功能表面如表2-1所示。

表 2 - 1　人体上常见功能表面

功能	表面	功能	表面
眼	球体表面	手掌	平面
嘴	内椭圆柱面	空握拳	内圆柱面
耳	壳表面	脚掌	平面
手指	外圆柱面		

有了功能表面的概念，下面讨论基于功能表面的需求表达问题。按 LORD 原理分析，人是需求来源，环境是操作对象。下面我们按基本需求表达水杯的原始功能。

在确定产品原始功能表面时，可以从三个层次或者说是三个原则选择一表达方案：

（1）结构仿生原则：形象生动地直接采用人与环境（包括工件或被操作对象）接触部分的形状；

（2）结构简化原则：采用简单易加工的、经过简化的人原型功能表面；

（3）功能保持原则：这是功能相同结构创新的原则，采用与人原型功能表面同功能而形状差异较大的功能表面，达到式样翻新而制造难度适合的效果。

手—水：十指并拢成瓢状，水在其中。手指的实质作用是组成了简易容器，我们用下凹半圆形功能表面表示水和手指拢成的内表面，如图 2 - 11 所示。

嘴—水：水与嘴的界面，可以认为水落进嘴这个"开口"中，也可以认为是嘴吸水进去。这两种情况，可以用功能表面表达，分别如图 2 - 12a 和图 2 - 12b 所示。

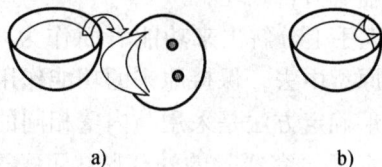

a)　　　　　　　　　　b)

图 2 - 11　手—水界面分析　　　　　　图 2 - 12　嘴—水界面的表达
a）水落进嘴；b）嘴吸进水

人—水源：人与水源的关系涉及设计需求的根本环境条件，是产品原始需求和产品原型的重要问题。如果人离水源很远，可能首先人类需要的不是水杯，而是水桶和扁担。

脚—地：人脚与地的关系是在特定条件下水杯设计的相关设计问题。例如，人们如果需要设计一个机器人完成送水的任务，则水源和脚的问题都需要明确。

2.2.3 产品原型建立

产品原型建立是在产品原始需求分析和基于功能表面表达原始需求的基础上，产生体现产品基本原始功能需求的产品原始概念功能结构。

例如，水杯产品的原型建立。

1. 容器内表面

用人的手指并拢的形状做成艺术水杯，如图2-13a；用简化的下凹半圆形功能表面做成简单实用的水杯，如图2-13b；用形状变化很大的圆柱面而仍具备"容器"功能的功能形状做成十分流行的水杯，如图2-14。

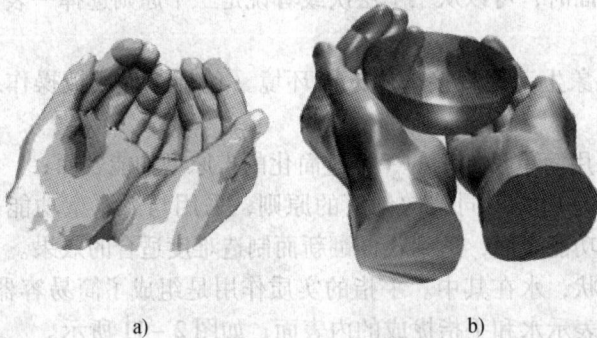

图2-13 "容器"内表面　　　　　图2-14 功能化"容器"
a）手指并拢；b）下凹半圆形功能表面

2. 容器外部

从人手上分解出来功能表面作为"容器"内表面，然后需要再把容器重新放回原型中去，保持原来的功能作用。由于节省材料和减轻重量的考虑，常用的外形确定方法是采用与内壁相同的形状。加上与手的关系就从某种程度上基本确定了"容器"的外部形状了。透明塑胶手套可以看做图2-13a所示水杯的实例，完全按手的形状作为"容器"外形；对于图2-13b中的简单形状水杯，可以如图所示，也可以单个手端起，就像我们日常使用的碗；对于图2-14中的功能化"容器"，外形同样遵循了功能保持原则，设计出了"把"与手接触。

3. 容器开口部分

作为容器还要考虑所存放物的放进和取出问题。根据水与嘴的接触形状，就可以建立水杯的杯口模型：敞开模型和吸管模型。

（1）敞开模型：与上面的内表面设计方法相同，可以采用各种各样的开口形状。

（2）吸管模型：把水杯密封起来，然后插上吸管就是一种方案。细化口部，使之变为其他形状，如奶嘴，就可以得到众多模型方案。

4. 容器底部

现在，我们考虑环境因素影响。如果杯子在自来水龙头下面接水或放在平台上向里面倒水，因此杯子应该自身能够平稳地站立。即水杯底部需要与平台接触，我们用功能表面——具有三点定位功能的大平面表示水杯底面。

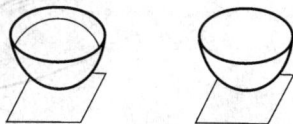

图 2 - 15　两种基本功能的
水杯概念结构模型

到这里为止，水杯的基本功能基本具备，如图2 - 15 所示为其中两种典型概念结构。

这种形象化需求表达具有直观形象、具体、容易交流的优点，但是在抽象表达方面仍然有待改进。根据功能表面的特点，我们可以在表面上附加文字等信息的方法改进。

需要注意：功能表面是表达的语言，而人与环境（人需要利用和改变的对象）具有根本的地位与主导的作用。认真考虑了人与环境的要求，就能正确理解设计问题，把握设计的本质要求。把这些需求作为设计的原动力和直接推动力，就可以按照新的设计原理，逐步推理出产品的概念结构。

在上述产品表达中，人是作为"产品系统"的第一个"零件"考虑的。如果能够建立一个完善的人模型，将会促进产品设计工作。在特定情况下，不需要把人的所有细节都表达出来，例如，在上面的例子中，只画出了手和嘴。但是，全面理解和清楚分析人涉及的所有可能性，是稳健设计过程所必须的。原型建立和进一步的模型开发，都是人的需要，并且自始至终与人保持协调的直接或间接的关系。

产品从原型角度讲，人和环境组成了待研发的"产品系统"的第一个"原型系统"。随后的产品开发工作，就是这个"原型系统"的生长和细化。

2.2.4　其他产品需求分析实例

我们再来考虑一个工业产品的需求分析情况。

机械切削加工系统需求分析：根据 LORD 原理，切削加工系统的原始需求分析，可以从原始的"人需要改变环境中某些物品的形状"这个需求开始。如图2 - 16所示，为了使木棒光滑圆顺，左手握木棒，右手拿刀，进行木棒"切削"运动。详细分析人切削木棒的这个原型系统，可以明确很多问题，例如，人脑的控制作用，身体的支撑协调作用，手臂的运动传力作用，两手的协调定位作用等。

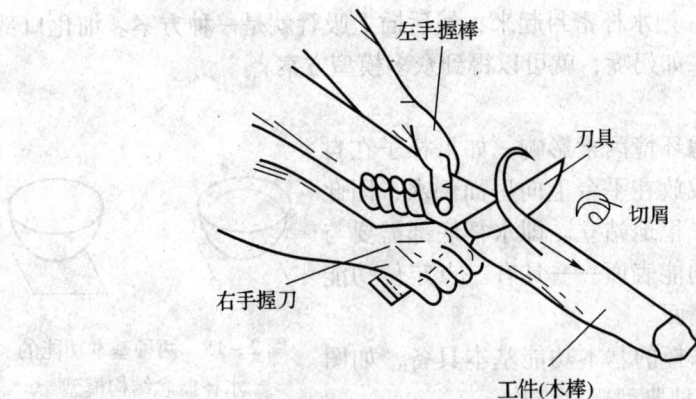

图 2 - 16　人切削木棒

　　这个原型的基本原理就是切削原理，即刀具相对工件运动而强制性切除多余部分材料。学过和熟悉切削原理和机床设计知识的人都知道，工件、夹具、机床和刀具上的六个面构成了切削工艺系统几何关系[10]，如图 2 - 17 所示。只要夹具、机床和刀具的几何性质设计和选用适当，就可以保证工件加工面对基准面相对位置的加工要求。工件的位置靠夹具决定，夹具实质为刀具和工件间的一个中间环节，间接地保证刀具（刃口）和工件（定位基准面）的相距尺寸。对比人切削木棒的"系统"和切削工艺系统，人本身完成了除工件和刀具之外的所有功能。

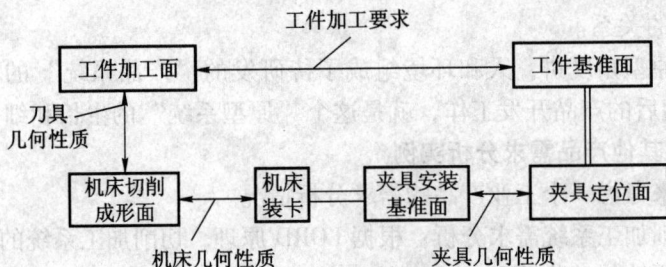

图 2 - 17　切削工艺系统

　　在这个工艺系统中，夹具是重要的组成部分。下面考虑夹具的概念原型是如何建立起来的。

1. 虎钳夹具概念原型

根据 LORD 原理，我们首先看人"握持"物品的功能与结构原型。对于给定的物品形状，人手可以抓持使之确定位置。与工件接触的表面，就可以提取出来作为夹具的原型。虎钳夹具概念原型推出过程如图 2-18 所示。

工件　　　　　局部人手握持工件原型　　　　　夹具原型

图 2-18　虎钳夹具概念原型的获取

2. 活塞夹具原型

针对更为复杂和具体的活塞工件，人手显然达不到最终要求，但是我们可以根据定位要求以广义定位原理为依据，推出相应的夹具原型，如图 2-19 所示。这是在已经存在工件的实体模型（如图 2-19a 所示）基础上，由用户根据广义定位原理确定实现工件定位的广义定位模式，然后直接从工件模型上选择相应定位表面生成的活塞夹具原始概念模型[11]（如图 2-19b 所示）。

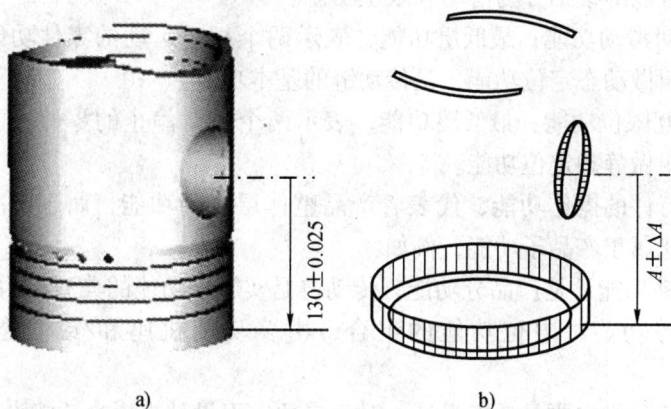

a)　　　　　　　　　b)

图 2-19　工件及夹具原型

a) 活塞；b) 夹具原型

2.3　产品功能创建与初始产品方案建立

产品功能是产品存在的理由，是由人来定义的。由于人类思维和语言的复杂性使产品功能的定义也多种多样，容易产生歧义。因而，在产品设计技术领域，功能与结构之间存在多对多关系，与产品功能相关的概念和过程的理论性也较差。

本书强调功能与结构不可分割的特点，基于功能表面的概念，按照功能—结构统一原理，从方便最终产品结构实现的角度，在考虑产品功能时紧紧联系结构问题，力争使功能概念明确，简化设计概念和过程。

2.3.1　功能层次

在传统产品设计中，功能具有不同的层次之分。产品级功能层次最高，部件级次之，而零件功能则更低。在自顶向下的设计过程中，高层次功能设计内容属于概念设计范畴，低层次设计内容则偏向于详细设计范畴。

由于产品结构划分的多样性，产品功能的中间层次很难在设计初期完全确定下来。因本书采用新的设计理论和过程，为了方便确定产品功能的层次，采取下面简化的划分原则：根据离原始需求的距离，距离越近则功能层次越高，反之功能层次越低。设计从需求开始，因而符合自顶向下设计的特点。广义上讲，原始需求就是产品的最高层功能，最终结构实现阶段是最低层次功能。

由于本书新的设计过程以零件为单元，所以零件间相互作用是低层次功能。根据广义定位原理，零件定位功能是零件层基本功能，使产品功能结构中较底层次的功能，可以继续细分为滑动和限位功能。

（1）相对滑动功能：最低层功能，表示两个相对运动的零件功能表面之间的关系，也叫做动态定位功能，是传动链的基本功能。

（2）相互限位功能：最低层功能，表示两个相对静止的零件功能表面之间的关系，也叫做静态定位功能。

产品执行件的操作功能，代表着产品整体层次的功能，属于产品最高层功能；其他功能属于产品子功能，例如：

（1）传动功能：是产品分功能，传动链是实施该功能的典型结构。

（2）支撑功能：限位功能的组合，由多功能机座和/或静态安装部件实现。

概念设计阶段主要是功能设计，对于自顶向下设计来说，功能设计从早期阶段的较高功能层次开始。由2.2节可知，首先从人、工件或被操作对象开始，考虑与之直接相关的内容。

（1）根据专业领域，选择基本工作原理：力学，切削，焊接，挤压等。

（2）选择工艺动作过程。

（3）确定动力源和能量流。

（4）考虑主要零件关系。

为了建立可操作的设计过程，下面从结构设计角度考虑产品设计过程。在2.2 节需求分析与产品原型建立的基础上，考虑结构创成的相关功能问题，进而完成产品初始概念结构的创成，为后续的产品多方案概念结构创成奠定坚实的基础。

2.3.2 与结构设计对应的功能及其分类

为了详细进行产品功能分析，从而能在原型基础上，逐步扩展和细化产品功能结构，下面从运动、材料、可制造性、可装配性等几个主要功能设计方面，按优先级高低逐一开展讨论。

1. 运动功能

对于机械结构，执行件的运动是产品完成所需功能的主要途径。最基本的运动是直线移动和旋转。对于其他复杂的运动，除了用已知机构能实现的类型外，绝大多数是采用基本运动复合的方法。

运动是相对的运动，是一个物体相对另外一个物体的位置变化。对于刚体来说，如果表面 A 相对另一个表面 B 运动，则表面 A 和表面 B 必须属于两个不同的刚体。我们用箭头表示运动的物体相对静止的物体的运动方向。如图 2-20 所示。

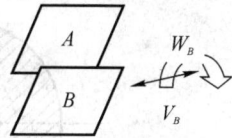

图 2-20 相对运动的物体及其运动方向

（1）旋转运动。

（2）直线运动。

如图 2-21 所示，工件 a 需要从机床 A 转移到机床 B。所以，工件 a 及其使之定位的表面需要完成直线运动 V_a。由于产品原型中使工件 a 定位的表面需要运动，因此必然要成为与机床（产品原型中的环境）相互独立的零件，与机床 A 形成互动关系。从机械原理方面看，则需要提供运动导轨。

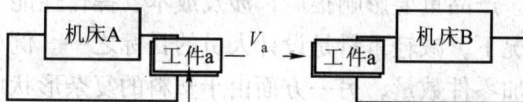

图 2-21 工件直线移动要求

（3）复杂运动。一般情况下，复杂运动可以分解为多个简单运动，然后组合起来。有些情况下为了避免过分复杂化，常常近似求解。例如，数控机床运动把复杂的曲线运动，近似为直线段和圆弧段组成的曲线，然后又把直线段和圆弧段分解为两个方向的直线运动组合。

2. 材料性能影响的产品零件功能

我们设计的机械产品是有形的物质产品，最后都要用现实中存在的某种材料制作出来。产品的组成零部件通过相互作用实现产品的预想功能。每个零件承受的"作用"各不相同。常见的作用有压力、摩擦、高温等。由于每种材料都有特定的性能，适合不同的环境和工作条件，因此，设计时材料的合理选用非常重要。而在概念设计阶段，关键是要区别开不同性质的工作条件，以便根据"材料的合理使用"原则确定是否选用一种材料还是多种材料的组合。

（1）耐磨性。例如，滑动轴承（如图 2 - 22a 所示）。由于相对滑动的表面承受压力和磨损，因此，需要采用耐磨材料。如果表面和内层采用不同的材料，则表面将生成为另一个零件——轴瓦，如图 2 - 22b 所示。

（2）耐高温。与高温环境接触的部分应该采用耐高温材料，但为了节省贵重材料，其他部分需要采用一般材料。不同的材料促使结构由一个零件转变为两个或更多零件。

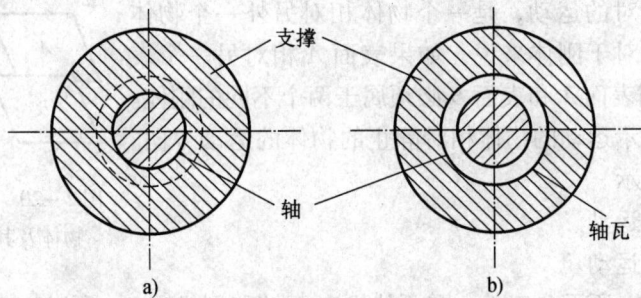

图 2 - 22 滑动轴承的功能—结构变化
a）滑动轴承；b）轴瓦

（3）减少重量。产品重要影响很广，涉及成本、操作性能、产品质量等。在满足产品要求的情况下，减轻重量是设计人员的目标之一。例如，塑料的大量使用，一方面可能增加零件数量，另一方面由于塑料的复杂形状成型性能好而减少了零件数量。

（4）增加强度减少尺寸。高性能材料的使用，一般采纳"好钢用在刀刃上"的原则，即意味着采用不同的材料而形成复杂的结构。

（5）采用价格低的材料（尽量少用稀缺贵重材料）。

3. 可制造性设计

不管产品设计得多么好，最终必须能够制造出来，否则这个产品是一个失败的设计。从工业化生产的角度，更重要的是能经济性地制造出来，以便通过生产和销售赚取利润。

（1）形状简单。如图 2 – 23a 所示的齿轮轴，由于整体结构复杂，加工制造困难，因此把尺寸较大的齿轮从轴上分解出来，并用简单的平键联接，使加工工艺简化。

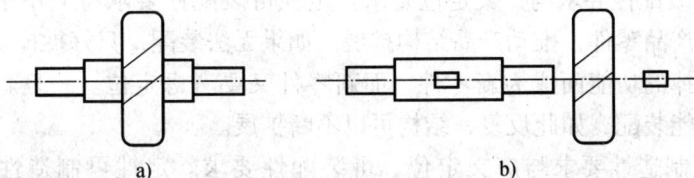

图 2 – 23 齿轮轴的概念演化

a）起杠杆作用的齿轮轴；b）简单结构轴、齿轮和平键的组合

（2）零件尺寸大小适中。尺寸太大或太小，都增加制造难度，因为加工设备缺少，加工精度和质量不容易保障。尺寸大的零件可考虑由两个或更多的零件组装起来。

（3）适于经济型加工方法加工。零件形状的加工形成方法有很多，有的成本低，有的则费用昂贵。例如，在批量小时，采用整体塑料零件注塑加工，模具费用太高，因而可以采用简单形状零件组装成复杂形状的部件。

4. 可装配性设计

人造产品与具有基因的生物之间的根本区别是：生物是整体逐渐生长成的；而人造产品需要单个地制造各个零件，然后再把这些零件装配成整体产品。

（1）适于用经济型工艺联接。

（2）便于安装到最终位置。

（3）便于安装时操作：设置工艺面（结构）。

（4）便于维修时拆卸。

例如，滚动轴承需要端面定位，轴孔两端要有台阶面。但是。台阶面的存在挡住了轴承安装途径，因此拆除台阶面形成端盖。

5. 复合功能考虑

（1）运动功能要求与运动链推理。产品功能可以分为子功能以促进设计扩展或细化。对于运动要求的功能表面，一方面需要定位，另一方面又要能够运动。要运动，则需要第三刚体零件脱离原来零件而成为新零件，即下一级传动零件。新零件又要考虑定位。一旦新零件定了位，则又不能运动，如此反复，结构可以不断扩展。例如，传动功能和动态定位面的分解重构过程。

（2）材料功能发挥与可制造性、广义定位、可装配性要求。为了让材料合理发挥作用，常需用不同材料组合起来优化功能实施；不同材料意味着将一个零件分成两个或多个零件，推动产品结构生长。新零件又要考虑定位；一旦新零件定了位，又要考虑装配和制造问题，如此反复，结构可以不断扩展。例如，滚动轴承的形成。

（3）可装配性要求与广义定位要求。定性可装配性要求将应用于每一个新设计出来的产品零件，推动产品结构扩展。如果无法装配，只好拆掉妨碍装配的功能面。拆掉的功能面成为新零件，而新零件又要考虑定位。一旦新零件定了位，则又不能装配，如此反复，结构可以不断扩展。

（4）可制造性要求与广义定位、可装配性要求。定性可制造性要求将应用于每一个新设计出来的产品零件，推动产品结构生长。如果某个零件过于复杂不好制造，则需要把某些功能面拆为另一个新零件，而新零件又要考虑定位。一旦新零件定了位，又要考虑装配和制造问题，如此反复，结构可以不断扩展。

对于不同的人造物单元，在不同的情况下确定位置的难度不一样：有些不需要全定位，有些形状复杂或不规则不好确定是否定位；全定位的数学条件可以列出，但是对设计只有检验作用，没有启发作用；对规则形体，则可以按照12个自由度分量逐一设计确定：

①选择现有人造物或自然物的表面和模式。这适用于执行件设计，某些情况下设计较困难；当人为选择或自动选择某一表面作为定位表面时，须检验对任一坐标系，能否存在使之全面定位的限位元素集合。有时先选择现有人造物或自然物的部分表面，然后主动设计其余表面会大为简化问题。

②主动设计（或选择最优）定位表面与集合模式。这适用于传动设计或结构设计；在直角坐标系中，对应6个移动和6个旋转自由度，选择相应的限位点域或旋转限位点对即可。

2.3.3 产品结构的组成和表达

在上面功能分类基础上，就可以考虑产品概念结构的推理创成过程了。根据功能—结构统一原理，功能设计的同时，产品结构也随之完成。为了更好地理解产品概念结构的形成过程，下面我们进一步讨论产品结构的表达和变化规律。

1. 产品结构组成基本元素

我们对产品中涉及的结构表面种类予以归类，大致可划分为平面、圆盘面、圆柱面、圆锥面、圆球面、渐开面和螺纹面等7类。

常见的结构表面的定位功能如下。注意其中的大小与长短是相对性的，相对所指的零件及与其接触配合的零件而言。

（1）小平面：起 1 点定位作用的小平面片。

（2）长平面：起 2 点定位作用的长条平面。

（3）大平面：起 3 点定位作用的大平面。

（4）长圆柱：起 8 点定位作用的长圆柱面。

（5）短圆柱：起 4 点定位作用的短圆柱面。

（6）长螺旋：起 12 点广义定位作用的长螺旋面。

2. 广义定位原理

机械产品中任意一个独立的刚体零件在任意时刻必须通过其他零件限制其所有任意变动的可能性，从而具有满足人类需要的相对确定的位置和姿态。

该原理阐明了机械产品中每一零件都应遵循的法则，是产品达到最终设计状态的一个非常重要的综合约束条件。图 2 – 24a 所示为按 3 个移动轴和旋转轴分布的 12 个移动方向自由度；在实际结构上，可以用相应的 12 个限位点实现，如图 2 – 24b 所示。

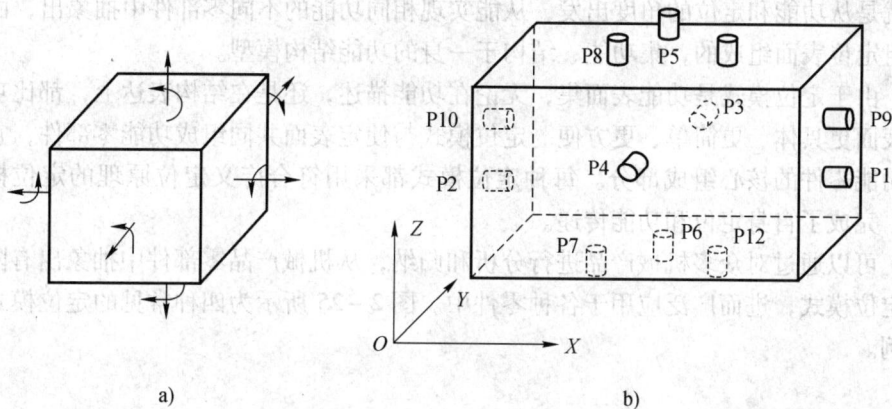

图 2 – 24　机械零件广义定位原理

a）12 个移动方向自由度；b）12 个限位点分布示意图

广义定位原理与传统六点定位原理[12]有如下几方面的不同：

（1）用零件上的实际表面要素进行定位，可以与 12 个移动方向自由度对应。

① 原来抽象的 1 点自由度，变成实际的 2 点移动方向，因此，6 点定位变成了广义的 12 个移动方向自由度；

② 6 点定位原理中的夹紧功能统一到 12 点定位功能中。

（2）广义定位概念进行了较大的扩展。

①力定位概念：重力、摩擦力等也有定位功能，要与机械结构统一考虑。

②有限值定位概念：任何定位都是相对的，在一定承受力范围内定位。

③时间定位概念：定位有时间条件，在不同时间段内可以有不同定位。

④动态定位概念：按照产品功能进行运动的零件仍是定位的。虽然相关零件都在运动，但是运动零件的表面始终与其他零件的表面接触并限定了该零件的运动方向和位置，因而称该零件是动态定位的，相应的表面称为动态定位表面。

基于广义定位原理，每个零件上的结构表面由定位作用的（定位表面和使定表面）表面和自由外观表面组成。其中，定位表面又分静态定位与动态定位表面两种；使定表面可以是单个表面、成对表面，或者是成组表面。

3. 广义定位结构模式[13]

在上述零件定义中，广义定位面集合虽然是根据广义定位原理组织的，但是是由单个表面表达和组成的，种类仍然繁多。如果根据定位功能，将常用的定位表面集标准化，就可以简化零件结构。这就是定位结构模式的由来。定位结构模式就是从功能和定位的角度出发，从能实现相同功能的不同零部件中抽象出，由一组定位表面组成的，集功能、结构于一身的功能结构模型。

由于定位模式是功能表面集，无论在功能描述，还是在结构表达上，都比功能表面更具体、更简单、更方便。定位模式与使定表面共同组成功能零部件，它是功能零件的核心组成部分。每种定位模式都采用符合广义定位原理的定位模式，完成了自身定位和功能传递。

可以通过对众多机械产品进行分析和归纳，从机械产品零部件中抽象出有限个定位模式，进而广泛应用于各种零件中。图 2-25 所示为四种常见的定位模式实例。

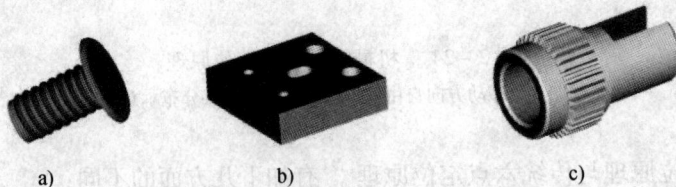

a)   b)   c)

图 2-25 常用的几种广义定位模式

a) 单螺旋面；b) 六平面和双面双销；c) 长圆柱面四平面

4. 产品零件分类

在功能表面分类和广义定位原理的基础上，机械产品中的各种零件可以分为执行件、传动件、原动件、结构件和基础件五大类。

（1）执行件。执行件是由与被操作对象接触的执行面（属于使定面）和广义定位模式以及自由外表面组成的零件。

在机械产品中经过能量、运动的转换传递后最终实现产品功能，执行功能动作的零部件称为执行件。如机床中用于夹紧的卡盘、卡爪、顶锥，以及切削过程中的刀具，机械手中用于抓起工件的手指，组合夹具中用于压紧工件的压板等。

（2）传动件。传动件是由广义定位模式（包含动态定位面）与广义使定面集合（包含动态使定面）以及自由外表面组成的零件。

为实现产品功能而传递能量、转换运动方向和运动方式的零部件称为传动件。如在机械产品中应用广泛的齿轮、齿条、丝杠等都属于传动件。

（3）原动件。原动件是由释放原动力的始动面（使定面）和广义定位模式以及自由外表面组成的零件。

原动件是产品中产生动力的部件，它包括：电机、液压马达、人力、弹簧等。

（4）结构件。结构件是由广义静态定位模式与广义静态使定面集合以及自由外表面组成的零件。在机械产品中，起支撑、紧固、连接等作用的零部件，称之为结构件，如螺栓、螺帽、支撑等。

（5）基础件。基础件是由广义静态定位模式与众多广义静态使定面以及自由外表面组成的支撑基础零件。

5. 产品结构的表达

为了表达产品结构，首先我们明确产品的层次关系：产品是个整体概念，它是由物理上一系列零件和部件组成，因此可以把物理上相互独立的零件作为产品的下一层。为了研究产品的深层次问题，如产品的设计生成过程，我们考虑比零件更低的一层。我们知道，任何零件都是由封闭外表面组成的三维实体，根据功能表面的概念，这些表面对零件的功能起到至关重要的作用，因此我们把表面作为零件的下层。现在我们就有了一个包含产品层、零件层和功能表面层的三层结构模型[14]，如图 2 - 26 所示。基于表面的产品结构模型需要表达装配体零件与零件之间、零件与表

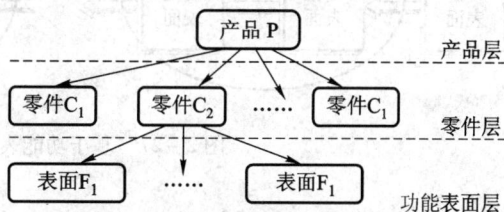

图 2 - 26　产品结构层次模型

面之间、表面与表面之间的配合、联接、位置、尺寸的约束关系。

产品的功能需要产品中所有零件的协调统一共同实现，而每个零件也是一个相对的功能整体，这个功能又是由组成它的一组功能表面共同实现的。

广义定位原理是机械结构的基本条件，然而能否组成有效的产品整体功能，还需要各零件之间的有机配合，组成协调的整体结构，并与人密切配合。

根据 LORD 原理，机械产品是为人类服务的，具有明确的目的性；反映在产品结构上，就是产品具有明确的人机界面和产品结构关系上的方向性；即人控制着机械产品作用在工件或被操作对象上，使之产生明确的变化（物理的、空间位置、或化学的等），以保证产品与人的协调。机械产品整体结构层次上，具有典型目的性和方向性的结构有两个：传动链和基础支撑部件。一般，单功能机械产品的结构组成可以表示如下：

$$产品 = 传动链 + 基础支撑部件 \qquad (2-1)$$

产品所在的、包含环境的大系统可以表达为：

$$大系统 = 工件 + 产品 + 原动力(电源或人) + 环境 \qquad (2-2)$$

其中

$$传动链 = 原动件 + 传动件 + 执行件 \qquad (2-3)$$

$$基础支撑部件 = 基础件 + 静态结构件 \qquad (2-4)$$

传动链功能由原动件的动态使定表面开始，每一个零件把功能经过动态定位表面传递动态给使定表面，再由该动态使定表面传递到下一个零件的动态定位表面，依次类推，功能从一个零件传到下一个零件，一直传到执行件的动态使定表面，即执行面。[15] 如图 2-27 所示。

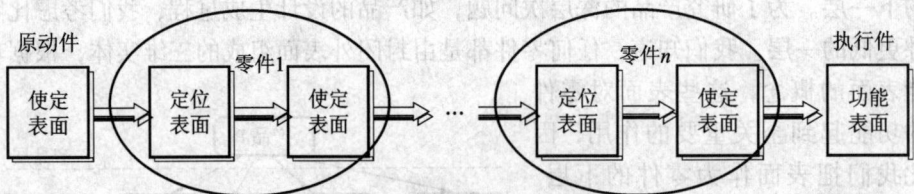

图 2-27 基于功能表面的传动链

基础支撑部件的组成如图2-28 所示。在产品的基础件上，安装众多的静态结构件，并最终支撑起所有传动链，从而完成整个产品的功能。

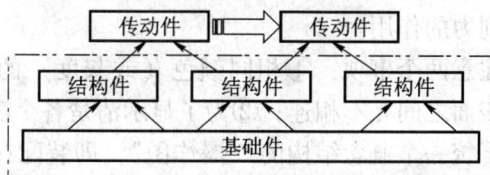

图 2-28 基础支撑部件的组成及作用

2.3.4 初始产品方案创建

明确了产品的需求和功能，并且确定了产品设计结果——结构的表达方式之后，最重要的就是如何完成具体的设计任务，即如何逐步设计出新产品方案，并得到相应的、准确全面的产品设计结果的描述。

1. 一般步骤

根据产品需求的具体情况，产品的原型结构差别很大。进一步创成产品初始概念结构方案的过程和结果也千差万别。然而，不管具体产品如何，这种可操作的产品结构创成过程还是可以描述出一般流程。

（1）考虑产品级功能的设计与实现。把产品级功能分解为子功能，然后逐项设计与实现。

（2）考虑材料性能的合理发挥。

对于（1）中实现的产品原理性结构，考虑零件材料的合理选用，如果需要，则把不同材料变成装配结构等。

（3）检查前面新结构的可制造性和可装配性。

①如果需要，创成新结构；

②检查新结构的可制造性和可装配性，递归处理。

（4）考虑低一层次的产品功能及其实现。

（5）转（2）。

2. 设计实例：活塞夹具

由于工业化生产是分工协作的模式，具有分工细致的特点。有些产品完成的功能很简单。活塞精镗销孔夹具的任务就是保证工件活塞在加工系统中的正确位置，或者说是低层次的静态定位功能。夹具原型见图 2-19b。采用"二大端面一短圆柱二防转面"模式将工件广义定位，短圆柱面限制 4 个自由度，二大端面各限制 3 个自由度，销孔上两小面各限制 1 个自由度。下面的工作是通过功能表面的分解重构，逐步形成该夹具的初始概念结构方案。虽然夹具的概念级功能简单，但是实际结构设计还要考虑不少问题。活塞夹具原型是夹具工作时的状态。但是，夹具的制作和使用必须符合实际要求，即能够把工件放到夹具中去并且夹紧，以承受切削力的作用。

图形显示中要注意两个事项：①相同颜色（或灰度）的功能表面属于同一个零件，尽管这些表面之间互不相连；②为了显示清楚各个功能表面的形状，每幅图中的左面画出了统一一个概念结构的"爆炸图"，即装配在一起的功能零件相互移开。

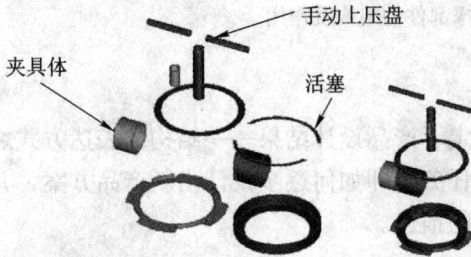

图 2 - 29　手动上压盘的创成

（1）创成手动上压盘。夹具制作很难做到无间隙，设计夹紧件是常用的办法，我们可以把夹具原型上表面分解出来变为夹紧件。然后，通过动态定位模式与夹具体实现连接。夹紧需要运动和动力，故采用螺纹动态定位，用手操作提供原动力，结果如图 2 - 29 所示。

（2）创成立柱（同时生成底座）。生成上压盘后，夹具原型变成了复杂的结构，整体制作并达到较高精度较为困难，因此，我们把它分为两个零件——立柱和底座。从待设计部分将夹具原型的底面和圆柱面拆出，构成新零件（底座）。夹具原型的其余部分同时转为立柱。底座和立柱之间由"两大平面——双销"定位模式连接，如图 2 - 30 所示。立柱支撑上压盘和工件销孔定位销，安装在底座之上；底座支撑立柱和工件活塞的底面。

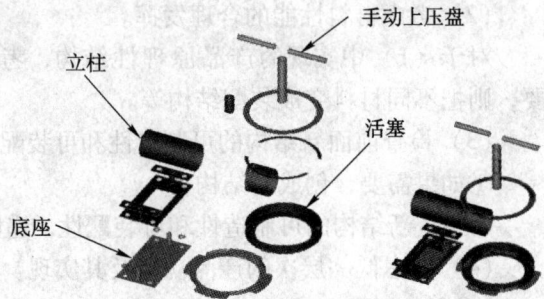

图 2 - 30　立柱和底座的创成

（3）创成定位销。支柱上的定位销影响工件活塞放到定位位置上，而且接触工件易磨损，因此我们把它分解出来做成单独一个零件；使用时，在工件放到定位位置后，再把定位销推到工作位置，如图 2 - 31 所示。

（4）定位盘创成。现在，底座上定位工件是短圆柱面和大圆端面。由于与工件接触，容易磨损，一方面需要耐磨性能好的材料或进行热处理，另一方面，在磨损量较大后需要能够换一个定位面。因此我们可以考虑把定位部分分解出来单独做成一个定位盘，如图 2 - 32 所示。

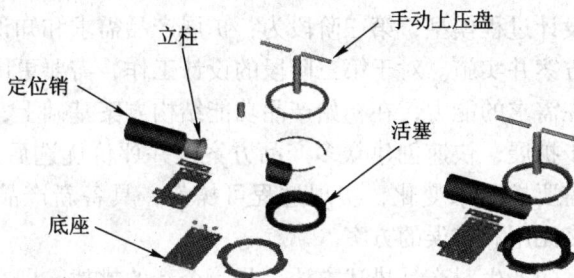

图 2 - 31 定位销的创成

（5）概念结构到实体零件的映射。对于结构简单的产品设计，常用零件可以在零件库中找到，只需把相应的实体零件载入并替换掉概念结构零件，即可得到所设计产品的初始方案，如图 2 - 33 所示。

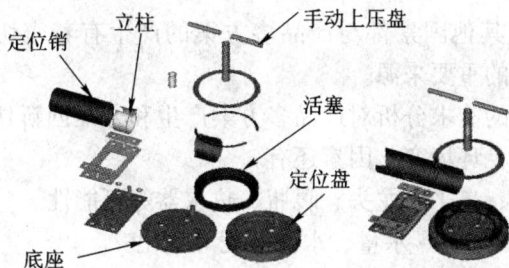

图 2 - 32 定位盘的创成

图 2 - 33 定位盘的创成

2.4 产品探索：理解现有产品和创造新产品

2.4.1 产品正向设计探索

按照传统设计观点，产品设计分为概念设计、结构设计和详细设计三个阶段。在实际设计实践中，无法严格按照这个分段自顶向下完成设计。首先，设计本质上是创新设计，设计的实质内容是在功能引导下构造出满意的结构解。设计过程中会产生多种产品方案，不同方案在设计初期比较与选择困难；而且，现行设计理论只给出大体阶段划分，没有给出可操作的具体设计步骤，很多设计决策需要设计人员解决。

按照本书的设计过程模型，第三阶段为：扩展产品需求和知识范围，探索产品多方案、优选方案并实施。对于第三阶段的设计工作，需要更广泛的知识和分析需求变化和潜在需求的能力，在初始产品功能结构方案基础上，在需求和功能实现手段上进一步扩展，快速创建众多产品方案，并评价优选后进行详细设计。在产品探索中，需要按需求变化，实现过程可操作，具备新产品概念综合的能力，以免创建很多无用和错误的方案。

多种产品方案的产生对产品描述方法也是一个新的挑战，即在产品设计的过程中如何准确表达中间过程和多种方案的存在。

按照前面确定的设计自动化模型，下面我们讨论一种具体的、可操作的设计方法——产品探索策略，探索各种可能的产品方案，即新产品可行域。由于这是正常设计过程中的探索，我们不妨称之为正向探索。注意，这种产品探索并非像传统设计资料中的泛泛而谈，而是可操作的、逐步进行的实用方法，并且可以在计算机辅助下快速完成设计任务。

2.4.2　影响产品多方案设计的因素

1. 产品原始需求

在产品原始需求分析中，很多其他因素都与产品多方案的产生有着密切关系。这些因素是产生较大创新方案的重要来源。

除了原始基本需求，其他方面的需求分析对产品多方案产生和方案创新具有重要作用。例如，水杯需求分析时，环境变化因素还有：

①水源有江、湖、河、井、缸、自来水龙头、暖瓶、热水器等可能性。

②水指标有水温度（冰块，冰水等）、水量、水清洁度等变化。

针对不同的水源和水特性，设计水杯时结构和材料选择都要有所变化。由于任何产品设计都是特定环境下的有限目标的实现，在水源种类很多的今天，设计一个日常使用的水杯，不需考虑水源等因素，然而作为设计人员，应该能够从终极目标分析中，找出尽可能多的相关问题，为产品设计创新奠定坚实的基础。

2. 产品原型方案

基于产品需求与人—环境关系分析建立的产品原型方案，根据设计知识和认识角度的不同有较大差别。特别是基本工作原理的选择是创新方案的关键一步。还是以水杯设计为例，原型可能因下面的因素而变化：

（1）进水方式：喝，吃冰块，喉管进水，病人打葡萄糖针等。

（2）喝水过程：河—嘴，手—嘴，手—瓢—嘴，手—井—桶—嘴，开水壶—嘴，自来水—缸—过滤器—壶—手杯—嘴。

3. 产品初始方案创成过程中因素

（1）运动功能——动态结构：根据产品功能要求设计结构，实现功能采取的措施。

（2）功能细化——材料结构：合理而科学地采用现有材料，不同材料的使用将起到不同的效果。

（3）可装配性——装配结构：不同定位模式的选择会影响制造与装配成本，甚至影响性能。

（4）可制造性——装配结构：影响制造成本，可采用装配结构、工艺结构、焊接等改进方案。

2.4.3　产品多方案分类与设计步骤

下面探讨如何实施多方案设计策略：

首先，要根据实际需要，明确多方案设计的目标。多方案设计工作量巨大，虽然有计算机工具的辅助，也是很繁重的设计任务，完全遍历所有可能方案也是不切实际的。因此，在开始多方案设计之前，最好明确目标。在实际市场环境中，可能有很多种设计情况。全新设计还是在已有产品基础上改进？即使是全新设计，也有个有无可借鉴的产品的问题。从我们的设计自动化三阶段来看，有了一个现有产品就相当于走过了第一、第二阶段，可以直接进入多方案设计的第三阶段了。如果没有任何借鉴，则要先进行第一、第二阶段的工作。

其次，根据前面的影响产品多方案设计的因素的分析，结合上一步选定的目标，确定具体多方案设计计划。

如果已有产品想改进，则可以从产品方案创成过程中的因素考虑改变生长方向，如革新工艺、采用新材料、改进制造技术、改善装配条件等。

如果同行竞争激烈，需要较大的改进，则要时刻注意最新技术进步，力争跟上技术发展趋势，优先采用新技术和新材料，大幅度提高产品性能。

如果是用户反馈意见，要求改进产品和纠正产品存在的问题，则要根据具体问题，从产品方案创成过程中的因素考虑，寻找能够克服存在问题的新方案。

在上述多方案的设计开发过程中，会出现不同情况的方案种类，加以区别则有利于做到心中有数，难易程度适当，开发进程可控。

（1）不同产品需求的市场开拓新方案。这类新方案需要有敏锐地观察需求的能力，开发难度不一定很大，可能是重大机会。

（2）同需求不同原型的原理创新方案。对于市场明确的社会需求，需要新的技术和发明支持才能完成这类创新方案。由于竞争激烈，开发难度较大，同时由于市场需求明确，因此，一旦成功会有很大潜力。

（3）同原型的结构创新方案。这类新方案改进一般较小，难度不大，但对于已有市场份额的情况下，效果还是很好的。

如果市场上已有很多产品在销售，自己没有现成的产品基础，而又想设计同类产品打入市场，那该怎么办呢？这种情况是很常见的。但这和前面讨论的三阶段设计自动化过程中讲的情况有所不同。为了减少风险和提高成功率，需要补充自己的不足，学习他人的经验。那就是拿来别人的产品，分析它们的优缺点以及它们解决的需求目标，如果有可能，学习别人是如何完成这些产品的设计的。如果有介绍相关产品设计的书和资料，最好找来学习学习。然后，在此基础上按多方案设计阶段的方法设计新方案。这种学习探索过程，我们称为基于逆向工程的学习创新策略，是我们这本书的目的所在。

如何学习一个已知成功产品？这是本书后面章节重点讨论的问题。这里我们首先讨论一下向已知成功产品学习什么。该产品的功能和使用是我们比较容易学习的地方，如果你有强大的专业知识和该类产品开发能力，则看看别人的产品，你就可以开始设计开发了。如果你没有设计经验和强大的开发实力，那么更多地向已有产品学习，则是你提高产品开发能力的捷径。

产品开发的初期要了解和掌握的需求信息和设计过程中成功失败的经验教训是很宝贵的，然而，这些信息不是技术保密内容就是设计者个人不公开的信息，一般情况下无法获取到。因此，如何逆向探索已知产品的技术源头和中间发展过程是很有价值的。如果得到了这些信息，就类似于具有了三阶段设计过程中前两个阶段的重要信息。为产品多方案设计和开发新产品奠定了坚实的基础。

由于技术知识产权的保护，我们学习现有产品的目的不是简单模仿，而是要推陈出新；从学习过程来看，单纯的解剖学习也无法真正培养出真正的开发创新能力，因而，我们的基于逆向工程的学习要继续完成创新实践的内容，即在逆向学习的基础上，开展第三阶段的产品多方案设计开发活动，并经过实践锻炼，培养出真正的产品创新开发能力。

2.4.4 产品多方案产生过程分析

传统方法从概念设计阶段没有明确的逐步设计思路。那么，产品设计过程能否逐步进行呢？产品生长型设计是一个设计信息由少到多、由简到繁的综合设计过程，也是一个从无序到有序、从低级到高级的逐步设计过程。

从需求功能出发，得到由功能表面组成的产品原型。从产品原型中分解出实现特定功能的各功能表面，重构出替代该功能表面功能的各概念零件或部件；同样再从生成的概念零件中分解出功能表面，重构出新的零件，使产品功能结构进一步细化。根据需求和功能逐步分解重构出特定功能的各执行件、传动件和结构件，从而实现产品概念结构。然后，进行概念零件到实体零件的搜索和匹配或交互式设计，来达到详细设计的目的。

产品设计每进行一步，使产品功能前进一步，产品结构进化一步。由于每进化一步都有不同的选择，也就是不同的方案。因此，对于多步才能完成的设计工作，可能的方案是很多的。为了探索最佳设计方案，就要能够记录、判断和比较这些方案。

在设计过程中间出现的产品概念或模型是否可以作为产品方案呢？例如，仅有产品设计原型，是否可以作为产品的方案？根据前节的功能层次概念，设计初期概念简单，可以作为一种产品概念模型。之后，根据这个模型完成得到的方案，都可以认为是这种概念模型的一种具体化方案。由此，上层功能模型同样具备了抽象和通用的特点。

至于中间层次的模型，因为有可能直接变成可用的实体模型，所以，是可以作为一种产品结构方案的。为了保证这种设计过程正确有效，应该保证设计初始的产品原型是完整的，而且后面每一步保证保持产品模型的完整性。在零件层，只要符合广义定位原理，即可保证产品定性结构功能的正确性。

2.4.5　产品多方案记录机制——版本管理理论[16]

产品设计，尤其是概念设计，是一个循序渐进的创造性过程，随着设计过程的演绎，产品模型所包含的信息不断地丰富与完善。所以，完备的基于计算机的产品建模不仅需要表达组成最终产品的零部件的有关的信息，而且还应能表达零部件以及它们之间的各种关系的进化过程、设计决策过程等其他设计历史信息。因为概念设计阶段着重探讨未知的结构的方案设计及规划，设计过程中必然要形成多个不同的设计方案，并多个方案进行评价，选出最优方案完成结构设计。

在此设计过程中不仅要保留最终结果，中间设计过程的设计信息和设计方法也需要保留。这就要求能够保留和管理设计的历史、不同的设计方案和动态变化的模式等，以记录多个方案及每个方案的进化过程。我们使每个方案的每个进化过程状态成为一个版本。

设计过程中，一个设计版本数据可能被多个设计人员所使用，一个设计人员也可能生成一个设计对象的多个版本。此外，设计是个反复迭代和不断优化的过程，因此存在版本的合并、删除等操作。因为树型结构模型层次清晰，可以充分地表示版本之间的历史演化关系，因此基本采用产品设计树形式的版本模型来保存版本形成的历程。

版本的信息存储有两种方式。一种方式是完整保存。所有的版本都作为完整版本存放，即存放版本的完整信息。另一种方式是差值保存。相邻版本间具有大量重复内容，如果将每个版本都完整保存，势必浪费大量存储空间。差值保存可大大节省存储空间，但由于版本间存在相互依赖关系，若前版本被破坏，后面版本将不能恢复。版本管理应支持产品设计的全过程，产品设计过程中的整个历史过程都应予以保存，这样保存的数据量将会很大。而版本管理的基本要求是：存储信息冗余小，存取速度尽可能快。因此，结合概念结构设计的特点，系统对保存的版本采用差值的方式进行，子版本继承了父版本的内容，并且增加自己独有的东西。

利用分解重构理论，将产品分解为部件和零件，部件可以再分解为零件，零件进一步分解为表面。由此形成了分层的树型结构，成为产品结构树。在产品结构树中，每个零件、表面对象都有自己的属性，如表面有标识码、名称、版本号、删除标志、功能类型等，可以按照单个或多个属性进行单独或联合查询获取详细情况，通过表面的属性操作来完成版本的回溯。

概念设计阶段的一个特点是数据类型并不是很复杂，数据量相对来讲也不是很大，但是由于其创新性的特点，数据更改频繁，版本较多，在此阶段实施版本管理实现对产品方案的管理可以简化管理过程。设计对象会存在许多版本，版本反映了设计过程中设计对象的不断演变的动态变化。版本应包含所产生的全部信息、版本的标识信息、设计对象和它的各个版本之间的联系信息以及附加的版本信息等。

图 2-34 所示为一个实用专用夹具——滚字夹具的部分版本演变过程。最初的产品概念圆形存为版本 1。当设计出两个支撑轮上下移动结构时，版本进化到 2。即产品概念结构每进化一步都有一个唯一的版本保存其信息。由于版本众多，存储量大，故采用了差值保存的方式。

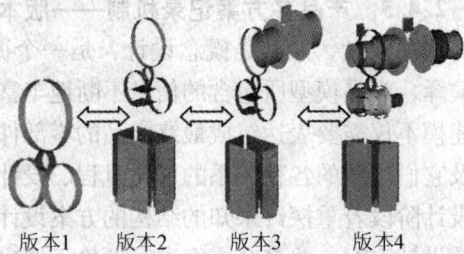

图 2-34 滚字夹具版本演变

2.4.6 概念结构多方案的优选

对于产品概念结构生长型设计，结构的每步生长都具有多方向性，而只能从中选择一个，但是，由于此阶段产品设计信息的匮乏等因素的影响，而有可能只达到局部的最优，以此为基础继续设计所最终得到的产品结构就很难达到全局意义上的最优。

在概念结构设计系统中，可以进行产品结构多方案设计。在生长型设计过程中每一步的生长都可以采用若干个方向，然后分别展开设计，最终可得到多个满足设计要求的概念产品。对每个概念产品进行精度、力学、成本等指标的综合，从中选择最优方案，该最优一般就是满足产品设计要求的全局意义上的最优结构。涉及概念产品的优化内容，我们将在第 7 章进一步介绍和讨论。

思　考　题

1. 简述设计自动化模型对人类自身设计思考能力的提高作用。
2. 自己选择一个日常用品，如野外旅游用热水杯，分析设计步骤。
3. 每个基本设计原理处理的问题，适用的场合和作用是什么？
4. 设计表达的重要性及其在设计中的作用是什么？
5. 分析比较各种鞋子和袜子的原型和生成过程。
6. 找出身边的一种螺栓连接结构，分析各个零件的广义定位情况。
7. 分析苹果削皮工具的原始需求，并建立该类产品的概念原型。
8. 考虑双联齿轮轴的概念功能原型，试找出其自顶向下的结构形成过程。分析是否符合生长型变化过程？
9. 考虑滚动轴承的概念形成过程是怎么样的？试做出多种方案。

参 考 文 献

［1］ Kevin N. Otto and Kristin L. Wood. Product design：Techniques in Reverse Engineering and New Product Development. 2001，Prentice Hall（Pearson Education，Inc.）.

［2］ 黄克正. 复杂表面成形切削加工系统设计智能化理论与应用研究 ［D］. 济南：山东工业大学，1993.

［3］ Kezheng Huang，Xing Ai，Chengrui Zhang. Decomposition &Reconstitute Principle For Complicated Surface & Its Application. Science in China Series E，1997（1）.

［4］ 黄克正. 功能表面分解重构原理及应用. 863 计划项目研究报告. 济南：山东工业大学，1998.

［5］ 王艳东. 以人为原型的设计自动化理论及技术研究 ［D］. 济南：山东大学，2006. 11.

［6］ 李希诚，李弦泊编著. 机械结构合理设计图册. 1996. 5.

［7］ 黄克正. 广义定位原理与产品结构设计自动化理论. 中国科技论文在线：http：//www. paper. edu. cn，2006.

［8］ Kezheng Huang. Growth Design Modeling. Proc. of ASME DETC2006/99151，USA，2006. 9.

［9］ Huang Kezheng，Chen Hongwu，Wang Yandong，Song Zhengjun，Lv Liangmin. Product Genetic Engineering. In：Elmaraghy HA，Elmaraghy WH，editors. Advances in Design 121 – 132，Proceedings of 14th International CIRP Design Seminar. Cairo，2004.

［10］ Kezheng Huang，et al. Synchronized tolerancing in growth design，Proc. IMechE Vol. 221 Part B：J. Engineering Manufacture，2007：pp. 1451 – 1465.

［11］ 杨志宏，黄克正. 夹具原始概念模型的创建方法研究. 机械科学与技术. 2003（6）.

［12］John G. Nee. Fundamentals of Tool Design. Society of Manufacturing Engineers. 1998.

［13］杨金勇，黄克正，霍志璞．基于功能表面的生长型设计理论．机械工程学报．2008（4）．

［14］Kezheng Huang, Xudong Li. Co – DARFAD – The Collaborative Mechanical Product Design System. The 6th Int. Conference of Computer Supported Cooperative Work in Design（CSCWD），London，Canada. July，2001.

［15］陈洪武，黄克正，杨波．基于功能表面的产品结构设计自动化研究与实现．机械设计与研究，2004，20（3）：24 – 27.

［16］宋政君，黄克正，杨志宏，王艳东，高常青．协同概念中的版本管理．机电一体化，2004（2）：93 – 97.

第 3 章　产品逆向工程技术

3.1　概　　述

产品逆向工程，作为系统地从产品整体考虑现有实际产品的逆向分析和求解的工程技术，包括非常广泛的内容。

传统反求设计思想对产品反求问题已经考虑得比较全面[1]：对已经有的产品或技术进行分析研究，探询其功能原理、结构、材料、尺寸等设计参数、关键技术等，再根据现代设计理论与方法，对原产品进行仿造设计、改进设计或创新设计。提出反求设计的共性问题包括：①探索原产品的设计思想；②探索原产品的原理方案；③研究产品的结构设计；④分析产品的零件公差与配合公差（难点之一）；⑤对产品中零件的材料进行分析；⑥对产品的工作性能进行分析；⑦对产品的造型进行分析；⑧产品的维护与管理。

传统反求设计方法，从单个零件到部件，直到整机产品，都开展了大量的实例研究工作，已经积累了丰富的知识和经验，特别是在零件层次，逆向工程的应用已经计算机化和普及化。然而，由于设计理论水平的限制，作为产品创新性最强的概念设计阶段逆向工程求解能力大为受限。本章主要从这个层面介绍最新理论和技术研究的进展和成果。

作为工程领域，产品逆向工程需要工程化的技术和工具[2]。一般情况下，现有产品只有实物类最终设计和制造结果，没有设计开发的中间过程记录，而技术图纸和文档说明也属于技术秘密。只有明确了设计过程，才能全面了解产品开发技术，为产品仿制、改进和创新奠定牢固的技术基础。

针对产品"软件"部分逆向设计的困难特点，本章重点介绍利用计算机辅助逆向概念设计的软件技术，目的在于支持产品反求设计及后续再创新的系统开发。鉴于已有产品实物的数据采集和数据处理，国内有大量的相关文献进行探讨并开发了许多成熟的系统，因此本书没有对此进行过多讨论，而是以已有产品的三维 CAD 模型为产品逆向工程的着眼点，着重研究了产品设计过程和功能原型的反求[3]。计算机辅助产品逆向概念设计求解的软件技术和工具系统框架如图

3 – 1 所示：

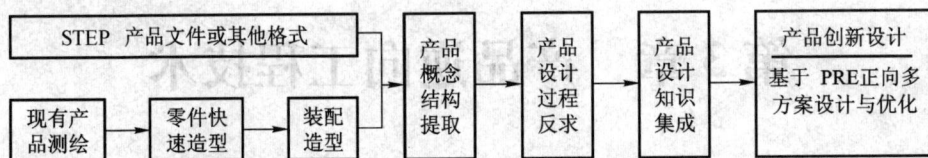

图 3 – 1　PRE 技术系统框架

本章后面内容分步探讨计算机辅助产品逆向概念设计求解需要的基本技术：

（1）零件快速造型。

（2）产品装配造型。

（3）数字化资源利用。

（4）产品概念结构信息提取。

（5）产品设计过程逆向求解。

（6）设计知识集成。

3.2　零件反求与快速造型技术

3.2.1　零件反求

零件是产品的基础，单个零件的反求成功是整体产品反求成功的必要条件。零件反求涉及的内容很多，简述如下：

1. 零件使用的特点及功能分析

零件在产品中的使用情况及其所起到的作用，对于理解和掌握产品设计思路是很重要的。我们可以根据前面的理论分析，首先，搞清楚该零件是传动链（运动）零件还是基础支撑（静态）件，这是比较容易做到的，只要观察区分出运动与否即可；其次，对于基础支撑件，进一步区分是否与运动件接触，如果接触，则标记出接触表面，对于运动件，则大体区分运动类型、传动关系等。

2. 零件材料及性能

零件材料种类及其热处理状态对零件的性能影响很大，根据上面的判断，如果是重要零件，则需要进行材料分析和测试，获得较准确的信息。

3. 零件结构分析

分析零件的整体结构特点，明确其几何特征，并根据其作用区分不同特征的重要程度。

4. 零件尺寸与形状测量

对零件尺寸与形状进行直接测量，是重要的反求手段，能够获得宝贵的第一手资料和感性经验。但是，由于零件有加工误差、装配变形、使用过程中的锈蚀、损伤和磨损，测量时得到的尺寸有偏差，需要采取多种措施补救。根据测量值估算出公称标准化的数值，就是有效的措施之一。对于配合尺寸，则要同时测量，得到统一的公称尺寸。

根据测量结果，建立数字化零件模型，并且利用现代化软件处理技术得到合理而有效的改进或优化模型，已经得到广泛应用。

3.2.2 快速造型技术

为了高效率建立现有产品的概念模型，需要避免不必要的细节，尽量用简单造型功能完成模型建立。面向产品概念结构建模的零件快速造型与传统三维几何实体造型，在几何造型方面它们是一致的，因而可以直接利用现有 CAD 系统的三维造型能力。但是，在具体实现快速造型方面，要注意以下几方面的区别：

1. 简化非功能表面造型[4],[5]

简化非功能表面造型如图 3 - 2 所示，例如，倒角，过渡圆弧，复杂无配合的外表面等；倒角可以用尖角代替，复杂外表面可以用简单表面代替。这些简化主要是为了在概念设计阶段简化造型工作量，后面到详细设计阶段可以采取以下两种途径进行修正：①利用三维造型功能，如倒角，在简化造型基础上附加造型细节部分；②利用概念—实体映射方法，在现有产品零件库中查找功能相同的实际零件代替之。

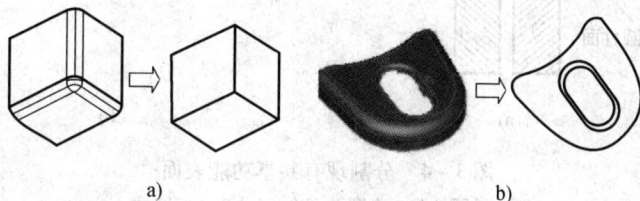

图 3 - 2 简化非功能表面造型

a) 圆倒角简化为尖角；b) 复杂曲面简化为平面

简化较为复杂的、不重要的静态结构零件，如只起紧固和夹紧作用的螺栓、螺钉等，可以把这些零件的复杂连接部分简化，只保留使定作用的表面部分及其相关实体部分。如图 3 - 3 所示的螺纹部分可以简化，然后与机体做成一体。

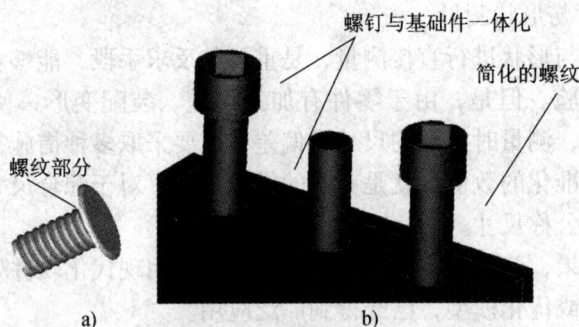

图 3 - 3　静态结构零件
a）螺纹；b）螺纹部分与机体做成一体

2. 分割现有共享功能表面

一个功能表面同时起多个表面的作用，简化了结构、制造和装配等工作，但是容易混淆概念，不利于设计反求和进一步创新。例如，长圆柱与 2 个圆孔配合（如图 3 -4a 所示）时，把这个长圆柱分割成两个短圆柱（如图 3 -4b 所示）；一个大平面与多个小平面配合时，把这个大平面分割成相应数量的小平面。

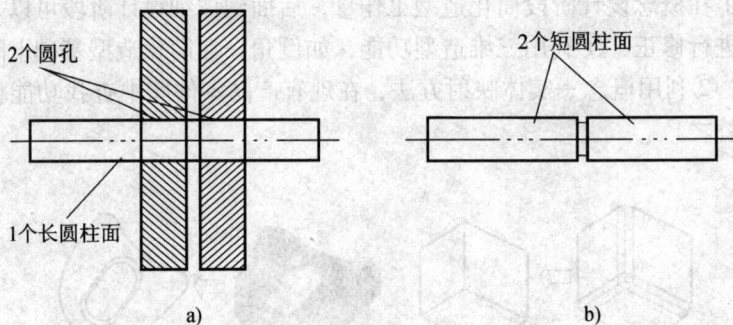

图 3 - 4　分割现有共享功能表面
a）长圆柱与 2 个圆孔配合；b）2 个短圆柱

3.3　产品静态结构装配造型技术

3.3.1　产品设计知识分析

产品整体结构涉及很多产品级设计知识，应该充分利用装配造型过程搞清楚这些内容，为产品设计过程反求奠定基础。

1. 产品需求推测或获取、功能分析和产品适用范围的了解

零件层信息获取是产品反求的必要条件，但并不充分。对于有详细使用说明书的情况，可以容易地获取具体产品需求信息和产品特点，以及产品使用场合和限制。同时也需要进行独立的思考，找出存在的问题，为进一步改进和创新作好准备。对于缺乏使用说明书的情况，则需要进行需求分析、推理和测量，搞清楚产品整体功能。

2. 产品工作原理分析

产品工作原理分析可以从下面两个方面考虑：

（1）产品使用的科学效应。例如，确定产品采用的是力学原理还是化学原理；对于基于牛顿力学原理的大多数机械产品而言，具体采用的是什么作用原理，如是斜面原理还是杠杆原理等。

（2）产品概念结构分析。确定了产品使用的科学效应之后，还需要明确产品在整体上是如何采用具体结构体系实施这个科学效应的。例如，斜面原理可以是螺旋面形式，也可以是凸轮中的部分结构。

3. 零件关系分析

零件关系是产品整体分析中非常直观的内容，很多文献进行了讨论，也反映在很多 CAD 系统的具体操作规则中。需要说明的是，在基于功能表面的理论分析中，零件之间的关系首先是直观反映实际情况的表面接触关系，而较少考虑间接的零件关系。基于传统概念的零件之间的间接关系将由计算机系统自动生成、使用和维护。因此，功能表面的接触关系是主要的零件间关系，直接相关的其他关系有：

（1）装配尺寸关系。直接接触装配的两个零件具有相同的公称装配尺寸；装配尺寸可以存在于功能表面上，例如圆柱面的直径，也可以在两个表面之间，如直槽的两个平面之间的槽宽。

（2）安装顺序关系。零件安装顺序在产品静态结构装配造型时没有影响，但是在设计过程反求时是重要的影响因素。应通过零件间关系分析，尽早发现问题，正确识别产品结构关系。

3.3.2　产品装配建模

由于计算机系统非常严格，需要准确的数据和信息。在目前，多数系统尚不能把实际零件的偏差综合考虑进去，因此，零件造型中最好采用公称尺寸，在测量零件尺寸时，查对尺寸系列标准值，选用合理数值，并记录实际测量值，为估算公差原值做好准备。

下面讨论如何把按照零件公称尺寸建立的三维模型组装成整个产品的装配模型。面向产品概念结构获取的产品三维装配建模是基于广义定位原理和功能表面

概念的，因此主要的装配操作技术只涉及接触表面的配合，例如面贴合（如图3－5a 所示）；其他装配操作则作为辅助手段，例如旋转（如图3－5b 所示）。

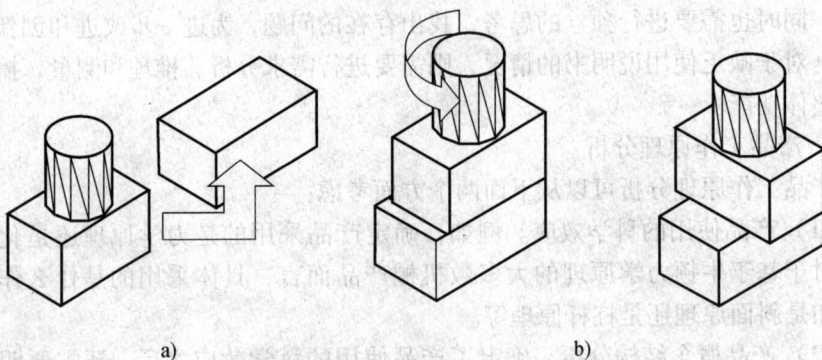

a)　　　　　　　　　　　　　　　　　　b)

图 3－5　装配操作技术

a）主体操作：面贴合；b）辅助操作：旋转

面贴合种类如下：

1. 平面贴合

两平面贴合时，法矢确定了零件的空间位置，再配合以绕法矢的旋转就可以完全确定装配关系。因此，装配依据如下：

（1）法矢重合，方向相反。

（2）平面围绕法矢的旋转角度。

2. 圆柱面

对于相同直径的轴孔是常用的配合结构，由于轴线方向可以有两个，因此比平面法矢还要增加一个装配参数选择：

（1）相同直径圆柱面：共轴线；选择正确方向；绕轴线旋转一个角度。

（2）对于不同直径的孔轴，一般是线接触。两根轴也可以是线接触。

（3）不同直径：轴线平行；选择正确方向；绕轴线旋转角度；圆柱面对线接触。

3. 圆锥面

圆锥面分面接触和线接触、同锥角和不同锥角。

（1）相同锥角：共轴线，同方向，面接触。

（2）不同锥角：先共轴线，同方向；绕轴线旋转到线接触位置。

4. 球面

（1）相同直径：共球心；绕球心旋转到需要空间方位；面接触。

（2）不同直径：球面在一点接触。

3.4 数字化信息集成技术

产品逆向工程涉及大量的数据和信息处理功能，很多基础功能可以借用现有CAD系统的功能模块，例如前面介绍的零件三维建模和装配建模。然而，各个CAD系统之间缺乏互操作能力，功能借用多数是在相应系统中完成操作，然后把中间结果转到另一系统完成后续功能操作；又由于各个CAD系统的文档格式不同，因而需要产品建模文件的格式转换。

3.4.1 产品建模文件的格式转换

1. 直接格式转换方法

每个CAD系统都配备了一定数量的转换接口，可以利用这些接口提供的功能进行产品造型文件的格式转换。但是要注意这些接口并非十分完善，存在兼容问题，有的接口区分不同的版本，有些文件的转换仍存在一些问题。

2. 利用中性文件间接转换方法

中性文件接口更为普遍，几乎所有CAD系统都提供文件转换接口。但是，由于增加一次转换，原有文件中的信息丢失更为严重。

另外，值得注意的是，由于现有CAD系统造型功能参差不齐，经过文件格式转换之后，各个CAD系统的特有功能信息往往丧失，只能得到基本的几何造型信息，整个产品装配信息常常转换不过来。

3.4.2 基于中性文件STEP的中性文件间接转换方法

随着CAD/CAM系统的不断发展和集成，ISO制定的针对各个系统产品数据之间的交换共享的相应标准STEP（Standard for the Exchange of Product Model Data）也得到了较快的发展。STEP中性文件作为STEP的一种实现方式，是比较方便、简洁、成熟的方式。[2]它的工作模式为：发送方系统通过STEP前置处理器生成STEP中性文件，接受方通过STEP后置处理器读取并解析该中性文件，将中性文件描述的模型数据映射为自己系统内的数据，以便进行进一步的处理。

目前常见的CAD/CAM系统如Pro/E、SolidEdge、UG等都提供了对STEP中性文件输入输出的支持。市场上虽然也出现了一些商业化的STEP开发工具，如德国ProSTEP公司的STEP开发工具CaseLib和美国STEPTools公司的STEP开发工具STDEVELOPER。但也存在一些限制，如开发环境上的限制，数据结构、表达格式和类型可能不同，会影响到进一步的应用处理。

1. STEP中性文件的结构

STEP中性文件交换结构（Exchange Structure）是用易懂的正文编码书写的

顺序文件，它由两部分组成[3]，标题段（Header Section）和数据段（Data Section）。标题段所包含的信息对整个交换文件有用。这一段内容在每个交换文件中必须出现一次，且必须出现在开头。标题段有三个标题变量：文件描述（file_description）、文件名称（file_name）和文件模式（file_schema）。在这三个标题变量之后，可以设置用户自己定义的标题元素，其出现顺序没有严格规定。

数据段包括由交换结构传输的数据产品。数据段包含的元素实例与标题段中的 EXPRESS 模式相一致，此模式控制交换结构。

2. STEP 后置处理器的设计

实现 PreD 系统中 STEP 后置处理器的设计实际上就是由其他 CAD 系统生成的 STEP 中性文件中的实例化数据到 PreD 系统数据结构的映射。PreD 是以 ACIS 为平台开发的产品逆向工程原型工具系统。中性文件与 ACIS 的数据结构存在一定的差别，首先需要把文件中的实例化数据映射到 MFC 的数据结构中，保存在一个链表中，顺序存储 STEP 文件中每个实体所对应类的实例。

（1）数据信息的提取。数据信息的读取分为如下几部分：

①文件读取器弹出文件存取窗口，自由选择要读取的文件，逐行扫描读取文件。判断该 STEP 文件是否是经 AP203 协议生成，若是则进行词法分析器的设计，若不是则退出，输出错误的读取信息。

②词法分析器逐行扫描读取文件，分析读入的每行数据，在这里要判断其是否完整地描述了一个实体，若不是则进行相应的处理；如果是实体描述，判断是对应 STEP 文件中的哪个实体，并调用对应的子程序进行读取（以"JHJ"、"＝"、"（"等为分隔符读取每分割段内的数据，获得实体号、实体各属性值、组成该实体的实体号等信息）。

（2）数据信息的转化。以上部分只是读取了文件中的实体信息，并把实例化数据存入链表中，拓扑结构类之间的关系和拓扑类与几何类之间的关系并没有关联起来。下面按照 ACIS 的拓扑结构把得到的数据信息进行组织。

数据信息的转化分为两种情况：一种是当产品为复杂的装配体时，在信息读取之前，首先为产品类分配内存空间；另一种是产品类中存放零件描述链表，进行信息提取时，读到该类型则把其指针对象加入到该链表中，在零件描述链表内存放着壳体指针对象和零件坐标系指针对象。查找壳体信息时，应注意方体和圆柱体有所区别。壳体类中存放曲面链表，曲面类中存放环链表，环类中存放边链表，而在边类中存放着边的起点、终点及圆心、法向量等对象。这样就把拓扑结构类之间的关系和拓扑类与几何类之间的关系关联了起来。

（3）三维产品模型的显示。实现 STEP 文件的数据结构向 ACIS 系统数据结构转化以后，需要在 PreD 系统中进行三维产品模型的显示。[6]三维产品模型显示的程序流程分两种情况（装配体和单个零件）进行，以下只简述装配体的情况，单个零件的情况与此类同。初始部分同数据信息转化相似，当曲面类型为平面时，分零件描述链表、曲面链表、环链表和边链表四种类型进行循环，并用 ACIS 的第一种接口对读取的数据进行建模；当曲面类型为圆柱面时，不再按存储的信息进行四种类型的循环，而是直接查找圆柱的两个底面圆环进行建模。然后进行蒙面操作，再进行实体的位置变换。

3.5 产品静态结构信息分析与概念结构建模技术

3.5.1 产品功能表面的提取

这项任务实质是零件实体上的表面分类并分离。首先，将与其他零件接触的功能表面，与非功能自由表面区分开，然后，把所有功能表面集中分离出来。

3.5.2 产品静态信息分析

获得了功能表面集之后，需要进一步分析产品信息，按照产品设计自动化理论整理，形成有序信息集合，以便后续工作使用方便。

产品静态信息主要分析工作包括：

（1）已经获得的功能表面的细化分类（区分定位表面和使定表面，静态定位表面和动态定位表面，等等）。

（2）检查并保证广义定位原理的实现（判断定位表面的定位点数和每个零件的定位情况）。

产品概念结构的建立分两个步骤完成，首先提取产品所有零件的功能表面的几何部分，然后根据产品功能详细确定每个零件上每个表面的功能。由于产品结构的复杂性，产品功能表面几何部分的全自动提取算法尚无法达到完善的功能，因而还需要交互式修改和纠错的功能。

概念结构的自动化提取的依据是产品装配模型中零件表面的分类原则，与其他零件接触的表面为功能表面。通过选择零件之间的接触表面提取功能表面，得到由功能表面组成的产品概念结构。功能表面组成的产品概念结构表达了产品的本质的功能信息和结构信息，是产品设计最基本的表达。

由于装配模型的复杂性，容易出现两种情况需要特别注意：一是零件接触情况的判断失误；二是造型误差和失误。前一种情况需要提高算法严密性和处理水平，后一种情况可能需要人为干预。

为了帮助提高分析能力，下面以活塞夹具装配造型为例分析零件装配关系自动搜索问题。活塞夹具装配如图 3 - 6 所示，其中，工件是"活塞"，基础件是"基础板"。如果把每个零件用其名称和功能表面表示，定位功能表面用矩框表

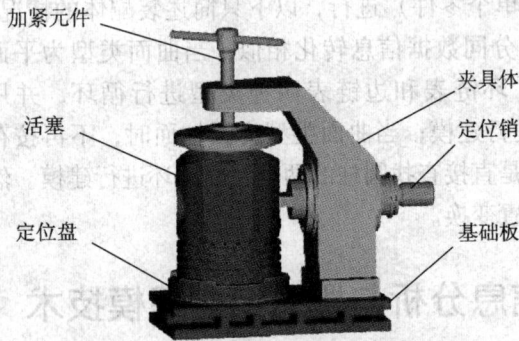

图 3 - 6　活塞夹具装配造型

示，使定表面用圆头框表示，则从工件到基础件的所有零件的表面接触关系可以用一个框图表示，如图 3 - 7 所示。

搜索功能表面时，可以有两种策略：一种是全局搜索遍历法，将所有零件表面逐个分析判断，看其是否与其他零件接触；另外一种是从任意一个零件开始，查出与其接触的其他零件，然后从相接触的零件继续链接查找，从而找到所有零件及表面。前者搜索量大，费时间；后者搜索工作量减轻，但是需要零件间关系信息，在交互式操作时可以充分发挥设计操作人员的直观辨别能力，快速确定零件间关系，这对零件数量较大的产品效果较明显。

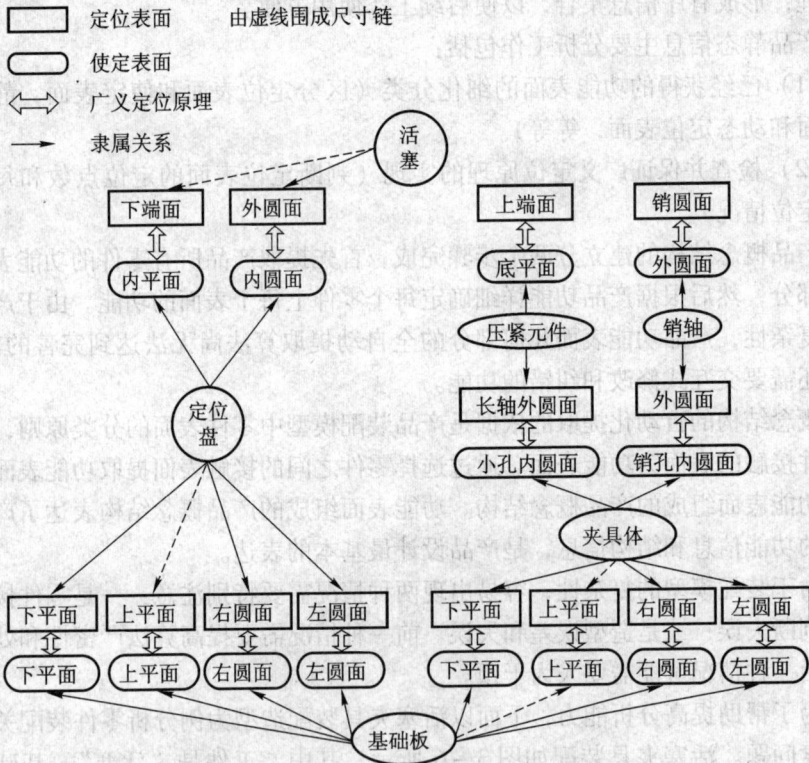

图 3 - 7　活塞夹具各零件表面接触关系图

3.6 产品设计过程逆向求解

3.5 节通过功能表面提取，把非功能表面剥离掉，并经过零件层信息处理增加了产品功能信息，增强了零件层逻辑关系可靠性。下面我们将进一步分析产品概念结构及零件间关系，使产品功能结构进一步有序化，进而讨论如何提取隐含在这个产品背后的成功开发过程和经验知识，为开发更好更新的产品奠定基础。

首先，从下列几方面进一步讨论产品概念结构：

1. 确定产品各个零件间的连接关系

直观基础上记录零件之间的接触关系，如发现重叠和不应有的间隙，应消除掉。

（1）传动链顺序查找和检查。根据运动件之间的连接关系，特别是动态定位面和使定面关联关系，顺藤摸瓜，从执行件到原动件确定相应的完整传动链：原动件→传动件（可以多级传动）→执行件。根据原动件的情况，确定产品的分类：自动机器，半自动机，手动设备。

（2）基础支撑系统的定位关系查找和确定。从与环境接触的基础件开始，逐个零件查找，直到找出所有的静态支撑结构件。如果把基础件当做"树根"，那么与传动链运动件接触的所有支撑件就是"叶子"。

2. 人机关系分析

按照操作使用说明书，并实际操作产品体验，明确产品对人操作的要求。需要人的什么部位参与操作：眼、耳、嘴、手、脚等，需要人全部精力专注，还是只需偶尔检查等。对于手动设备，还要明确对人的体力和耐力的要求。

3. 大系统环境分析

大环境指该产品工作时所处的环境，重要的是工件或被操作对象的特征、数量、供应方式等信息。其他环境因素包括产品周围空间大小，配合其工作的其他设备等。

设计过程逆向求解或重构是产品逆向工程的关键技术之一。基于产品设计自动化理论的正向产品设计过程观点认为，每个零件的存在都是有特定的原因的，其结构的生成是满足特定需求的结果。因而，产品中没有多余的零件，只有不同的结构方案。

某些学者从并行工程的角度认为，有些产品存在多余的零件，需要合并以简化产品结构。事实上，由于时代的变迁，科学技术，包括材料科学和加工技术，生产与装配工艺技术等都在不断地变化和改进，例如塑料性能的提高和注塑生产工艺的提高。我们在理解原产品结构设计意图时要充分认识历史的局限性，理解原产品结构的合理性。原产品设计人员产生失误也是可能的。随着科技发展，产品结构演化是产品设计创新的结果，是新环境下合理的结构。例如，运动机构的不断简化和某些支撑结构的整体化趋势，与自动控制技术的提高和普及、整体复杂结构形状的制造技术提高是有很大关系的。

既然产品零件是正向设计过程中逐步生成的，那么当我们知道了产品最终设计结构时，就应该能够逐步退回到设计过程的初始状态。如果我们能够想象出每步设计步骤之后产品结构会是怎么样，那么我们也应该能够从设计步骤之后的状态想象到这步设计前产品的状态。

从第2章设计理论我们知道，当一个新零件生成时，需要把这个零件重新装配到产品上去，即完成该零件的广义定位问题，或具体些说，要选定一个广义定位模式，应用于该零件，并相应在母体上增加对应的使定表面。

下面考虑产品设计过程逆向求解问题：逆向考虑，某个零件的消失则消除广义定位表面集，并把其他使定功能表面转移到母体零件中。如图3-8a所示，汽油发动机中关键零件连杆的常用结构。[4]在连杆盖产生之前，只有连杆、圆孔是完整的内圆柱表面。连杆盖的生成过程是把连杆的功能表面（内圆柱表面）分解成两半，然后把其中一半分解出来成为新零件"连杆盖"，并与原零件（即母体"连杆"）广义定位。现在考虑逆向过程：消除连杆盖。很简单，只要把广义定位表面集消除，再把连杆盖的功能表面"半个内圆柱面"还给母体"连杆"并还原成完整的内圆柱面，如图3-8b所示。

当所有零件的结构消失之后，就只留下产品原型上的功能表面，代表着该产品所要完成的功能目标。

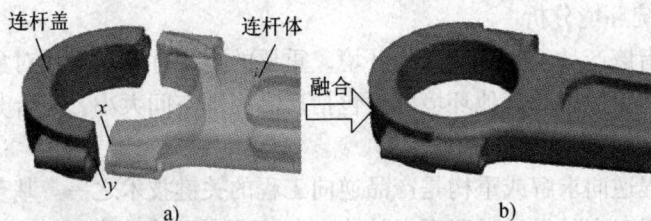

图3-8 连杆的功能模式耦合

a）关键零件连杆的常用结构；b）还原完整的内圆柱面

3.7 产品设计知识与设计过程的重构

3.7.1 产品设计知识

在产品生长型设计理论中,产品设计知识是结合每一步生长组织的。每条知识包括下列因素:

(1)每个零件的存在的特定原因或背景因素。这是产品设计过程逆向求解的重要组成部分,搞清楚每一步设计的原因,就真正学会了产品设计的内涵。零件生成的原因,产品功能的实现要求,参见第 2 章理论内容。常见的原因是运动需求、材料性能的细化和优化利用、可制造性和可装配性等要求。

(2)每个零件的结构信息,包括定位模式、结构组成原理和具体尺寸等。零件结构信息中包括功能表面的信息、定位模式信息,以及零件层功能表面之间的定性和定量关系等。

(3)每个零件生成后与其他零件的关系,特别是与其母体零件的关系。新零件的功能表面是从其母体零件上继承过来的,而且其定位功能模式也与母体零件有密切的关系。因此,这些关系是产品中的零件之间的重要关系。

3.7.2 产品设计知识重构

在 3.6 节产品设计过程逆向求解的基础上,产品结构的信息以及零件之间的关系基本确定,然而,在上面讨论的产品设计知识内容中,尚缺乏每个零件的存在的特定原因或背景因素,以及每个零件的部分结构信息,包括定位模式、结构组成原理等。

根据产品设计知识重构的要求,需要提供有效的人机界面,以方便输入相关的设计知识。其中,零件层功能表面相关信息可以在经过"概念结构创成"操作后,通过"功能信息指定"菜单,来输入和修改表面和零件的信息。

在产品设计过程逆向求解之后,按照功能模式耦合的顺序对设计过程知识进行修改,输入涉及整个产品的设计知识,并存储到产品概念结构链表中。

思 考 题

1. 产品零件快速造型技术有哪些特点?它和传统零件反求的重点有何区别?

2. 试列出几个产品零件三维造型的实例,并实际完成造型,比较快速造型的特点。

3. 根据广义定位原理,分析实际零件造型中哪些特征可以简化而不影响产品功能?

4. 从你所熟悉的产品中找出几个功能表面共享的实例，并分析如何分割才能明确功能关系？实际修改设计会有哪些方面的影响？

5. 阅读常用具有三维造型功能的软件使用说明或从实际软件界面找出几种常用的文件格式转换功能？与 PreD 可以转换文件格式的有哪些软件？

6. 选择一种简单产品完成造型与装配，并转换到 PreD 的 .sat 格式。

7. 选择一种家庭用家具，分析广义定位关系，并画出零件表面接触关系图。

参 考 文 献

[1] 桂定一，陈育荣，罗宁编著. 机器精度分析与设计. 北京：机械工业出版社，2004.

[2] 黄克正，王卫国，等. 产品逆向工程的理论、技术与实践. 中国科技论文在线：http：//www. paper. edu. cn，2006. 3.

[3] Kezheng Huang. Product Reverse Engineering based on Growth Design Process. Proc. of ASME DETC2007/ DAC － 35827, Las Vegas, USA.

[4] 王卫国. 基于生长型设计理论的产品反求技术研究与开发 ［D］. 济南：山东大学，2006. 5.

[5] 李斌. 面向创新设计的产品反求研究 ［D］. 济南：山东大学，2007. 5.

[6] 鹿素芬，黄克正，等. 概念设计自动化软件 DARFAD 与其他系统的集成工具. 工具技术. 2007.

第4章 产品逆向工程系统

本章介绍第一个产品逆向工程软件原型系统 PreD，详细介绍系统开发的基本概念、系统框架结构、系统组成模块及使用。

4.1 PreD 软件系统简介

PreD 软件是基于最新产品概念设计自动化理论而开发出的新型机械产品逆向工程软件原型系统。该系统旨在演示产品逆向工程概念，介绍如何从实际成功范例学习产品设计的过程和产品设计知识等，提高设计者的产品概念学习与设计思维能力；帮助企业进行成功产品和技术消化、吸收、再创新，从而提高企业进入多样化市场的潜能，增强市场竞争力。

该软件系统利用几何造型平台 ACIS[1] 开发，是一种简单有效的产品概念结构快速造型与逆向设计求解系统，系统中提供了动态造型、对话框参数造型、特征造型等多种简单几何体的造型方法；提供了装配建模模块，可用鼠标拖动实体或选中后在对话框中输入参数的操作方式来完成装配。同时，PreD 系统还提供了各个实体间的布尔运算功能和实体与表面颜色修改功能。

PreD 可以较好地说明产品的逆向求解过程，帮助快速地建立产品的实体结构造型，进而得到产品功能结构信息集合（由功能表面表示的产品信息系统），最后通过逆向设计得到产品的原始功能需求（由功能表面组成的产品原型）。有了产品原型就可以在生长型设计自动化软件中进行创新性再生长多方案设计，从而可以设计出不同于原来产品的众多新产品方案。PreD 系统主界面如图 4 - 1 所示。

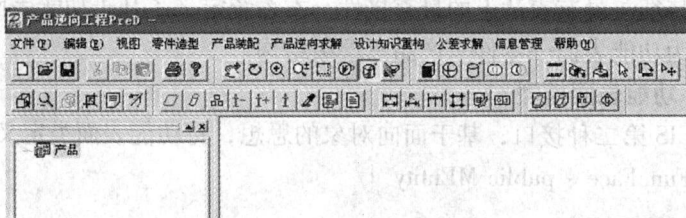

图 4 - 1　PreD 系统主界面

4.2 PreD 系统数据结构与系统框架

PreD 系统是基于图形核心系统 ACIS 开发的，ACIS 提供了强大的几何造型功能。本节介绍 PreD 系统框架，以及如何利用其各种开发接口，建立实用可靠、可以支持概念设计自动化的产品数据结构。[2]

基于功能表面的产品结构模型：零件功能表面是决定机械功能的重要因素，它的设计是零部件设计的核心问题。[3],[4] 在 ACIS 中，表面作为二维几何元素，是形体上一个有限、非零的区域，由一个外环和若干个内环界定其范围。一个表面可以没有内环，但必须有一个且只有一个外环。环是由一组首尾相连的边组成的，边是与曲线相关的拓扑，由一个或几个顶点来界定。其中点是最小实体，其次是线，但是在零件结构中，点和线的功能概念十分模糊；又鉴于顶点可以简单地用坐标表示，因而构建了 MPart（零件）– > MFuncFace（功能表面）– >MCurve（曲线）三层简化的几何数据结构，与 ACIS 的数据结构相互映射，如图 4 - 2 所示。

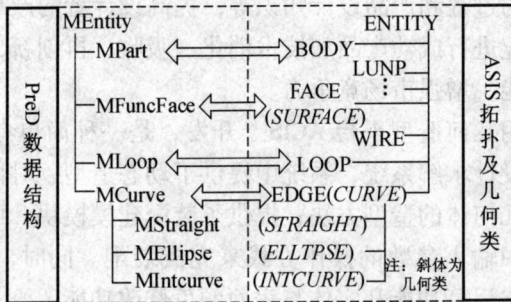

图 4 - 2 PreD 与 ACIS 数据结构相对照

产品结构是零件的组织框架，而零件之间最主要的相互关系是接触关系，而接触的关键往往在于功能表面。那么，如果能够直接采用产品结构中实际发生接触关系的功能表面，来描述产品内部零件之间的装配关系，可以说抓住了产品结构的最基本特征，具有表达上的最直接性。本系统定义了基于功能表面的产品结构模型，分为功能表面—零件—产品三层级结构。

4.2.1 功能表面模型

应用 ACIS 第二种接口，基于面向对象的思想，将功能表面类定义如下：

```
class MFuncFace : public MEntity {
public:
    MFuncFace ();
```

```
    ~ MFuncFace（）;
    protected：
    MPart * PartPt;     //所属的零件
    FACE * m _ face;       //用来映射 ACIS 实体平面
    LOOP m _ oLoop;     //界定功能表面的外环（有且只有一个）
    VOID _ LIST m _ iLooplist;     // ACIS 链表，存储界定功能表面的内环集
    UINT m _ faceId;     //功能表面在零件中的序列号
    FaceType m _ ffType;     //功能表面几何类型（平面、柱面、锥面、环面等）
    FuncType m _ glfuncType; //功能表面功能特征（定位表面、使定表面等）
    char * facename;     //功能表面名称
    position basepoint;     //功能表面基点
    vector m _ normal;     //功能表面外法线
    vector m _ axisOfSymmetry;     //回转表面对称轴线
    double m _ radius;     //功能表面半径尺寸
    double m _ height;     //功能表面高度尺寸
    BOOL m _ bIsOuter;     //功能表面内外特征
    ……
}
```

以下以 PreD 中定义的直线类（派生于曲线类）为例，简单介绍如何生成功能表面的几何体。

```
class MStraight : public MCurve
{
    protected：
    position start _ pt;     // 曲线起点
    position end _ pt;     // 曲线起点
    ……
}
```

已知曲线各参数后，利用 ACIS 的第一种接口进行建模，主要用到 API 函数依次如下：

（1）已知曲线顶点对曲线建模，如直线已知两个端点：

```
api _ curve _ line（
    const position& pt1 ,     // 曲线起点
    const position& pt2 ,     // 曲线终点
    EDGE * & line）;     // 返回的曲线
```

（2）将曲线合并：

api _ unit _ edges（

　　ENTITY _ LIST& edges，　　// 曲线链表

　　BODY ＊& outbody）；　// 返回合并的实体

（3）蒙面操作：

api _ cover _ wire（

　　WIRE ＊ wire，　// 要进行蒙面的线框

　　surface const& surf，　//蒙面操作所在的几何面

　　FACE ＊& face）；　//返回的表面即功能表面的几何体

4.2.2　功能零件模型

从 MFuncFace 类的定义也可以看出，每个功能表面模型都定义有表达位置的参数，如基点 basepoint、法线 m _ normal。为确定每个表面在零件中的位置，要对每个零件规定有自身局部坐标系，这样每个表面可由零件坐标系中的基点、方位唯一确定。以下为 Mpart 类的定义。

class MPart：public MEntity

{

　public：

　　MPart（）；

　　~ MPart（）；

　　UINT m _ partId；

　　position insPnt；　//零件基点

　　vector insVector；　//零件基准法矢

　　VOID _ LIST FuncFaceList；　//功能表面集

　　　void ShowPart（）；

}

　　每一个表面在零件坐标系中的位置被确定，零件的结构也就随之确定了。如图 4 - 3 所示的转动件，定位功能由端面 1、端面 2 及长圆柱面完成，输入面、输出面分别完成运动的输入与输出。各个功能表面之间有着确定的位置关系，

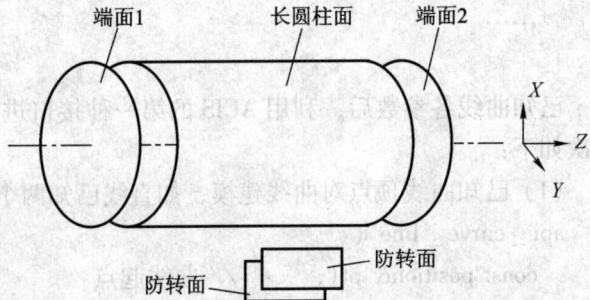

图 4 - 3　传动件的零件模型

因而确定了零件的结构。尽管该零件从形体上还不是一个封闭体，但它是一个转动功能的完整载体。

建立功能表面模型和零件模型后，还要定义 FaceNode 类来表征不同零件的功能表面之间的定位关系：

```
class FaceNode {
public：
    MFuncFace * FacePtI；
    MFuncFace * FacePtJ；
    ……

}；
```

再将一对相关零件间所有的 FaceNode 对象存入一个派生于 ACIS 链表类 VOID _ LIST 的 FaceRelation 类。这样，一对零件的关系可以具体由功能表面的关系来表达了。

4.2.3　产品信息网络模型

功能表面、零件实体都对应一个 ID 号，可唯一地标识自身，对于产品只需要将这些实体及相互关系记录下来就可以。这里定义了派生于 VOID _ LIST 的链表类 PartRelation，用来表示产品中某个零件与其他零件的相互关系；它是一对一零件关系的集合，即 FaceRelation 集。对应于产品中所有的零件间错综复杂的关系网络，定义了产品类 MProduct 的一个成员链表 Part-Net。显然，只要将产品中所有 PartRelation 对象添加到 PartNet 链表中，即可完成对产品中从零件到功能表面所有对象关系的记录。如图 4 - 4 所示为产品结构三层模型的关系网络。[5]

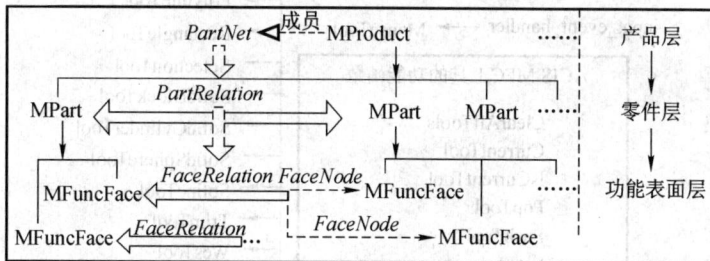

图 4 - 4　产品结构三层模型关系网络

4.3　PreD 系统实体造型与装配建模模块

面向产品概念结构的快速实体造型和装配建模模块是应用 ACIS 造型平台开发的。形状特征是设计者对设计对象的功能、形状、结构、装配等具有确切工程含义的高层次描述。从设计的角度来看，特征可以分为形状特征、装配特征、管理特征等。而这里的特征主要指几何形状特征和装配特征。

4.3.1　几何形状主特征造型

简化零件造型设计，略去了倒角和螺纹等辅助小特征。基本功能包括可以由用户交互生成长方体、圆柱体、球体、圆锥体等基本体素造型，以及提供交互设计操作的环境，比如实体拖动功能、旋转平移功能、坐标系转换功能、视图转换功能、模型显示功能和捕捉功能等。除此之外提供基本形状特征造型方式，提供拉伸特征类、旋转特征类、扫描特征类、混合特征类。总之，可以使得用户在该操作环境下进行零件造型设计。

1. 鼠标拖动造型

ACIS 的组件 ACIS MFC（AMFC）提供了一个扩充 ACIS 应用程序功能的工具（称为 AMFC 工具），如图 4 - 5 所示，可以利用它进行开发工作，也可以利用 ACIS 或者 MFC 的功能来完成同样的工作。

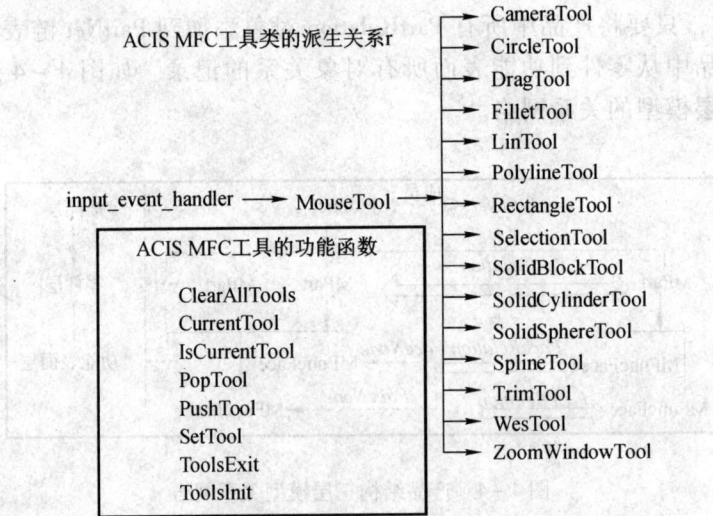

图 4 - 5　AMFC 工具类的继承关系和功能函数

　　AMFC 工具都是从 MouseTool 派生的，MouseTool 的主要功能是处理鼠标按键事件。使用 AMFC 提供的这些工具，可以很容易地实现各种鼠标事件的执行。如 DragTool 为鼠标拖动工具、LineTool 为鼠标绘制直线工具、SelectionTool 为几何体选择工具（可指定选择体、面、线、点等进行过滤选择）、TrimTool 为裁剪工具、WcsTool 为坐标系定制工具、ZoomWindowTool 为窗口放缩工具等。这里充分利用 ACIS 提供的这些工具，实现用鼠标拖动进行简单几何体的造型。

　　该类造型方法包括：①实体，如长方体 Block、球体 Sphere、圆柱体 Cylinder 等；②曲面，如矩形面 Face、圆 柱 面 CylinderFace 等；③曲线，如直线 Line、圆线 Circle、多边形线 PloyLine、样条曲线 Spline 等。在某点处拖动鼠标即可完成动态造型。

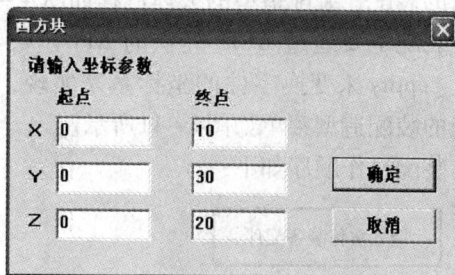

图 4 - 6　实体构造对话框

2. 参数造型

　　也可用实体构造对话框（如图 4 - 6 所示）实现对各种简单几何体的造型，需要输入必要的几何参数。如 Block 的构造，可在构造对话框中填入 Block 的两个对角顶点。

3. 特征造型

　　可以应用 ACIS 提供的 API 函数接口开发特征造型模块，圆柱体的拉伸造型例子如下：

（1）首先选择实体拖动造型菜单中圆柱体选项（如图 4 - 7 所示）。

（2）然后用鼠标拖动造型工具绘制一个整圆（如图 4 - 8a 所示）。

（3）继续拖动鼠标进行圆柱拉伸造型（如图 4 - 8b 所示）。

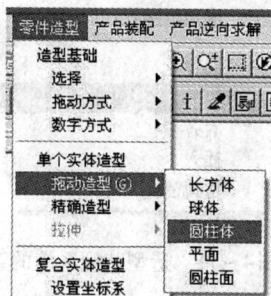

图 4 - 7　零件实体造型菜单

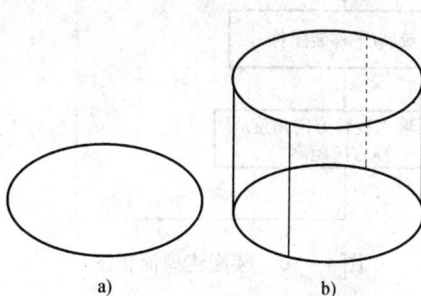

图 4 - 8　圆柱体拉伸造型
a) 整圆；b) 圆柱

（4）完成造型后得到蒙面的圆柱体（如图 4 - 9
所示）。

4.3.2　装配建模

　　基于功能表面的装配模型直接采用实际发生接触
关系的功能表面描述产品内部零件之间的装配关系。
PreD 系统中提供了装配模块，用来实现对上述零件造
型后的装配，装配造型的大体流程如图 4 - 10 所示。

图 4 - 9　蒙面后的圆柱体

　　装配主要通过 ACIS 提供的 API 函数 api _ trans-
form _ entity 来变换零件的坐标系来实现，并没有记录零件间的装配约束关系。
系统的装配造型菜单如图4 - 11所示。

　　装配操作顺序如下：

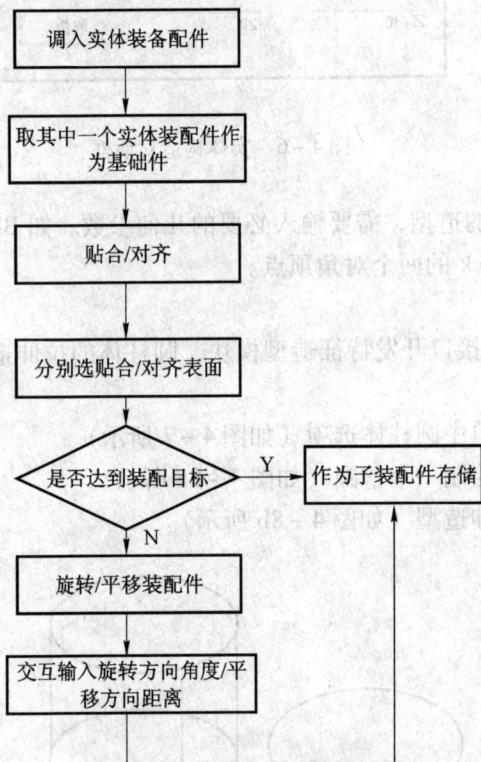

图 4 - 10　装配建模流程图

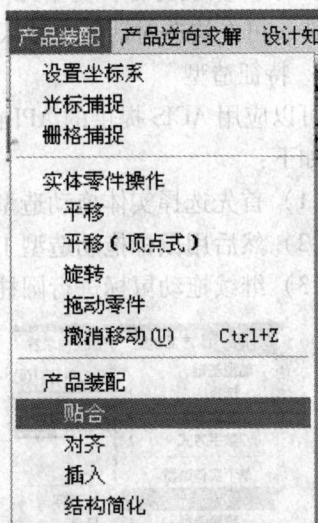

图4 - 11　造型装配系统的菜单

　　（1）先通过贴合、对齐、插入等操作完成零件间主要配合面的装配，如轴
孔配合中的两零件的圆柱面。这些操作只需用鼠标选取两个零件的对应的配合面

即可完成装配。

（2）通过平移、旋转等操作实现辅助配合面的装配。这些操作可以通过以下平移和旋转对话框中输入变换参数（如图 4 - 12 所示），也可以通过拖动零件，配合捕捉点（捕捉开关位于系统窗口状态栏最右边，配以功能键可实现对端点、中点、圆心等位置的捕捉）来实现。

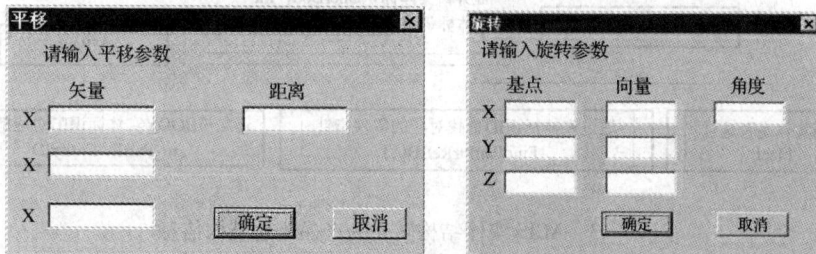

图 4 - 12　平移对话框和旋转对话框

4.4　产品概念结构建模

有了现有产品的实体装配模型之后，就可以启动逆向求解的过程了。本节首先从基础的产品静态概念结构的建立开始讨论。

4.4.1　功能表面提取模块

如前所述，在进行生长型设计时是由产品功能表面来创成的产品概念结构。对于已有的产品结构，我们通过对产品概念结构的功能表面的提取，快速建立起由功能表面组成的产品概念结构信息模型，以便下一步快速地找出产品的内在功能需求。

自动化提取出来的概念结构信息需要存储记录下来。几何结构要素对应信息转化关系如图 4 - 13 所示。[5]

增加人为干预的措施是建立概念结构信息的交互式提取算法[6]，流程框图如图 4 - 14 所示。

由于选择两个法矢方向相反的一对表面时无法同时看到两个面，因此在选择过程的中间应具有移动和旋转产品零件模型的能力。另外一种处理法是，先选择一个表面，然后移动和旋转零件模型到能看到另一个表面的位置，再选择第二个表面。不过，这第二种方法是分离的过程，操作过程中需要注意信息的集成处理，以免出现错误。此外，在获取表面信息时，需要记录和使用移动和旋转前的位置状态。

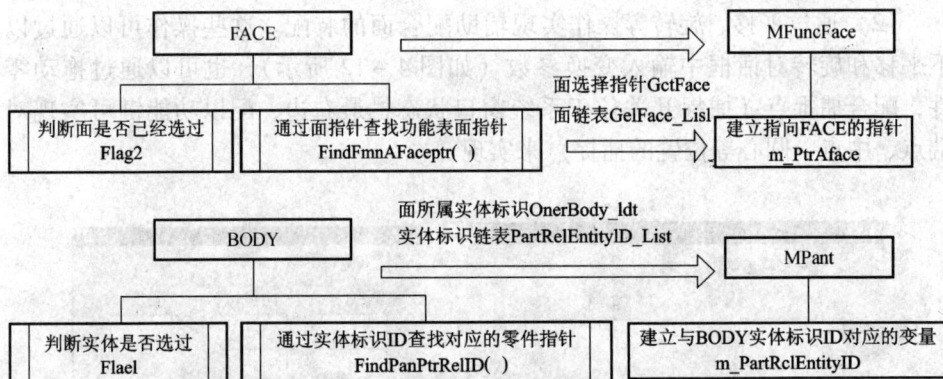

图 4 – 13   ACIS 实体结构转化为产品概念结构信息

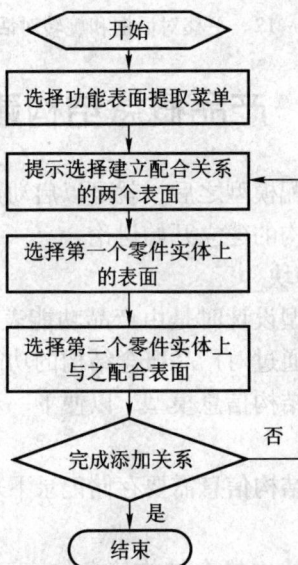

图 4 – 14   功能表面几何部分交互式提取算法流程

4.4.2 零件层功能表面信息检查和补充

根据第 3 章讨论的方法，分析获取零件表面的功能信息及分类信息，然后在 PreD 系统中选择信息查寻和输入功能菜单，选择适当的菜单项完成零件功能表面信息的输入和修改。功能表面信息输入对话框如图 4 – 15 所示。

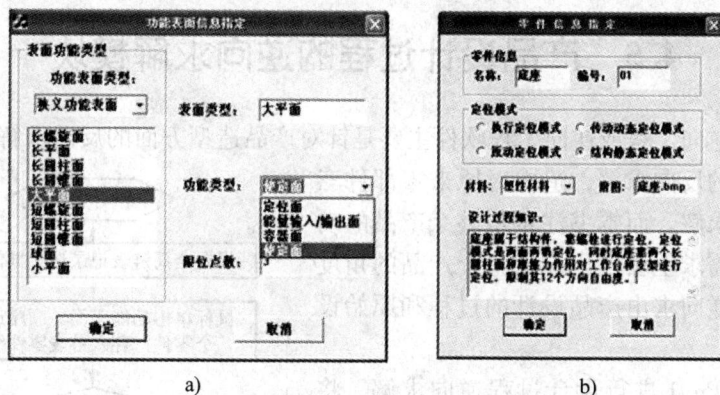

a)　　　　　　　　　　　　　b)

图 4 - 15　零件功能表面及零件信息检查和修改

a）功能表面信息；b）零件信息

4.4.3　产品概念结构形成

下面以活塞半精镗工序夹具为例来说明产品概念结构形成的过程。

（1）在 PreD 系统进行产品实体造型与装配（夹具造型见图 3 - 6）；

（2）经过"自动搜索功能表面"操作后，可以得到如图 4 - 16b 所示的功能表面集合；为了显示清楚，图 4 - 16a 中提供了把重叠零件分离开后的"爆炸"显示；

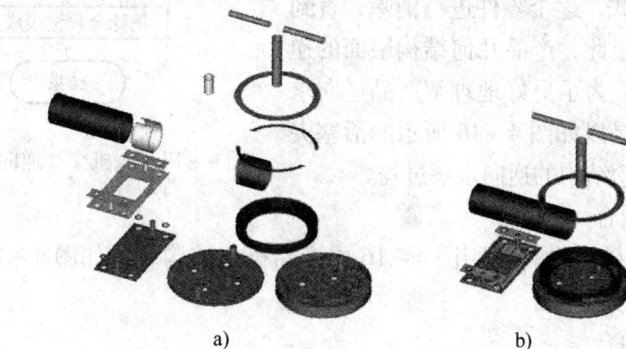

a)　　　　　　　　　　　　　b)

图 4 - 16　活塞夹具的功能表面集提取

a）重叠零件分离后的"爆炸"显示；b）功能表面集合

（3）通过"功能信息指定"菜单，修改表面、零件的信息；

（4）通过"功能信息指定"菜单，修改整个产品的参数信息，并存储到产品概念结构链表。

4.5　产品设计过程的逆向求解模块

　　传统逆向工程或逆向工程软件主要是针对产品造型方面的反向求解，针对曲线、曲面的反向求解，追求对原来零部件三维外形的求解。而本书注重从整个产品的功能和原始需求上去考虑，从整个产品的角度去考虑，逆向求出产品设计的过程和原始设计需求。

　　应用 PreD 进行设计过程逆向求解，将得到产品的最原始的功能需求，并且能够得到原先设计过程中的准则和原理知识，与结构设计结合起来，为以后的生长型设计提供工作原理支持。

　　由于问题的复杂性，全自动求解算法较为复杂。这里考虑充分发挥设计人员的作用，采用人机交互方式进行逆向求解。[6] 算法流程框图如图 4 - 17 所示。

　　通过交互方式，逐个零件进行消除，直到得到产品原型。至此，产品几何结构层面的逆向求解就完成了。为了更好地理解产品逆向求解过程，下面还是以如图 4 - 16 所示的活塞夹具为例，介绍概念结构的逆向求解过程。

图 4 - 17　人机交互逆向求解过程

　　1. 定位盘融合

　　定位盘与基础板融合，则图 4 - 16 中产品概念结构变成如图 4 - 18 所示的结构，图 4 - 18a 为爆炸图。

　　2. 定位销融合

　　定位销与夹具体（立柱）融合后可以得到图 4 - 19 所示的结构，其中图 4 - 19a 为爆炸图。

　　3. 夹具体（立柱）与底座合

　　基础板与夹具体（立柱）融合可以得到如图 4 - 20 所示的结构，其中图 4 - 20a 为爆炸图。

　　4. 夹紧元件（手动上压盘）融合

　　加紧元件与夹具体耦合可以得到如图 4 - 21 所示的活塞夹具产品原型。

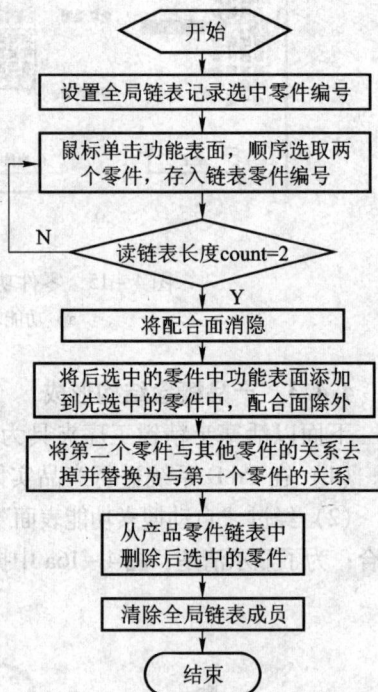

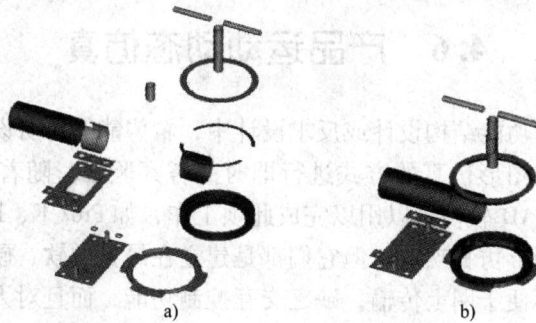

图 4 - 18 定位盘融合结果

a) 爆炸图；b) 定位盘融合

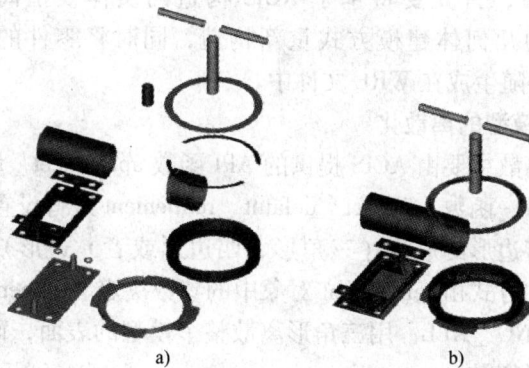

图 4 - 19 定位销融合结果

a) 爆炸图；b) 定位销融合

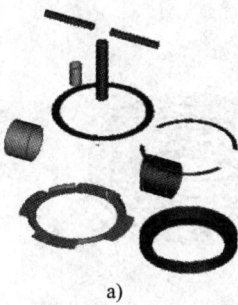  

图 4 - 20 夹具体（立柱）融合结果

a) 爆炸图；b) 夹具体融合

图 4 - 21 加紧元件与夹具
体（立柱）融合结果

4.6 产品运动动态仿真

在产品的正向功能结构设计或反求设计中，希望能够对所设计的零部件及其运动状况通过三维图形仿真的方式进行即时的考察验证。随着计算机的迅速发展，越来越多的 CAD 软件可以用以完成此项工作，如 Pro/ E、I - DEAS、UG 等均有强大的三维图形仿真功能。但它们都是建立在昂贵的软、硬件基础之上，建立的文件庞大，不便于网上传输，缺乏交互控制功能，而且对人员的专业素质要求也很高，不适于推广。VRML 和虚拟现实（VR）技术提供了一种很好的解决方案。这里介绍应用 ACIS 的表面离散技术等实现了在 WEB 中的产品零部件装配过程或工作时的即时运动状态仿真。[5]

实现动态仿真，首先要将基于 ACIS 构造的实体模型离散化，然后用在 VRML 基于顶点的几何体建模方式重新构造，同时将零件的运动参数转化为 VRML 节点数据伴随生成在 WRL 文件中。

4.6.1 零件模型的离散化

零件表面的离散主要由 ACIS 提供的 API 函数 api _ facet _ face 来完成，其离散精度可以应用另一函数 api _ set _ default _ refinement 进行设置。

离散网格中多边形的形状（三角形、四边形或者 n 边形）和尺寸随曲面的弯曲程度而变化的方式由 refinement 对象中的参数决定。refinement 对象有 4 个参数，如 AF _ TRIANG _ ALL：用三角形离散整个模型的表面，而不是只在模型的边界上用；三角形离散。

表面偏差：定义离散面与实际表面之间的最大距离，本例中将该值设置为包围模型的长方体盒子的对角线长度的 2%，该数值一般为模型尺寸的 1% ~ 5%。图 4 - 22 中将左侧圆环面离散为小三角面，当设置法线偏差为 15°时离散为中间形状，设置为 30°时离散为最右侧形状。

图 4 - 22 三角形离散化表面

法线偏差：定义两个相邻的离散面法线之间的最大夹角，默认为 15°。确定了表面的离散方式后，可以选择确定保存那些信息，除了可以保存顶点处的位置坐标和表面法矢外，还可以选择保存颜色、透明度、材质等参数信息。

4.6.2　VRML 基于顶点的几何体建模

用 VRML 实现简单几何体，如长方体、圆柱体、球体的构造较为简单，但对于稍复杂的几何体（如机械零件实体模型），一般需要借助于其他造型系统，如 3DS、UG、Pro/E 等，这些 CAD 软件一般都可输出 WRL 格式文件。在 ACIS – DARFAD 系统中，可自动生成包含夹具系统工艺过程运动信息的 VRML 动态虚拟场景，并可即时在互联网上发布。

VRML 基于顶点几何体的构造原理如下：将一个要构造的物体表面划分为若干个小的多边形平面，单个的划分平面越小，其所拼合而成的物体也就越细腻、逼真。滤去相邻多边形的公共顶点，所有这样的多边形的顶点就构成了一个顶点集合，它就是基于顶点几何体的顶点集。每个顶点按其文件中出现的次序被自动赋予一个索引值，根据需要引用这些索引值，就相当于构造出了由被引用索引值代表的空间点勾勒而成的闭合多边形。多次的引用将最终构成待建物体。

基于顶点的几何体主要有索引点集、索引线集及索引面集（IndexedFace Set），系统中主要使用索引面集来实现几何体的构造。索引面集以若干个点为一次引用，它将以这多个点为顶点画出一个空间多边形平面。多个这样的空间平面就构成了一个空间物体。该几何节点的实现方法与索引线集类似，只是索引链表中的每个结点包含了三个空间点。

IndexedFaceSet 节点有两个最基本的域，这两个域用来完成空间的创建。Coord 域的域值是一个 Coordinate 节点，这个节点列出了所有虚拟空间中所有面的顶点。CoordIndex 域的域值是一张索引表，这张索引表是空间面的边界的列表，它依次列出了各个面的顶点的坐标索引。另外介绍一下 CreaseAngle 域，它的域值是一个用弧度表示的角度，用来判断相邻面的边界处是否应该进行平滑绘制。当将其域值设置大于 ACIS 实体表面离散后各个小三角面间的夹角时，即可实现在 VRML 场景中零件几何体表面的平滑绘制。

4.6.3　动态仿真的实现

在 VRML 中可以定义实体动作，这主要是用 TimeSensor 节点。它的作用像一个时钟，此节点不断产生时间事件，该事件触发 PositionInterpolator 和 OrientationInterpolator 节点，从而来执行虚拟空间实体的动作。

在本系统中零件对象存储了其在整个工艺过程中的运动数据，如起止位置、运动速率、起止时间等。设计人员也在设计过程中可随时对各个零件的运动参数进行设定、修改，如图 4 – 23 所示。进行动态仿真时，系统通过 ACIS – VRML 接口，首先将零件表面离散化为小三角形平面，然后在 VRML 中应用索引面集构建几何体的方法实现零件的重绘，同时将零件的运动参数转化为 VRML 中的 PositionInterpolator 和 OrientationInterpolator 节点参数，生成 WRL 文件，并即时通过系统内置的浏览器观察整套夹具的动态装夹过程，可以直观地了解其是否存在干涉、可行性、易操作性等；另外接入互联网后可方便的实现异地协调设计评价。

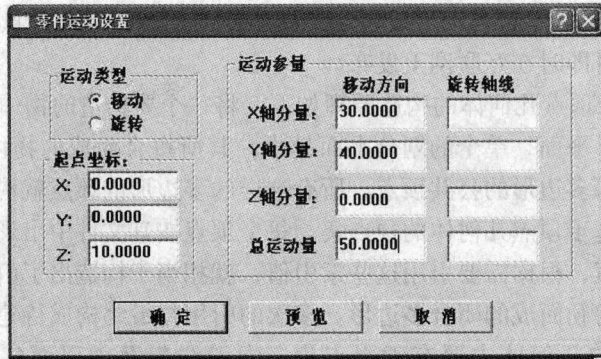

图 4 - 23　设置零件的运动参数

图 4 - 24 所示为一种快速夹具的动态仿真的实现。

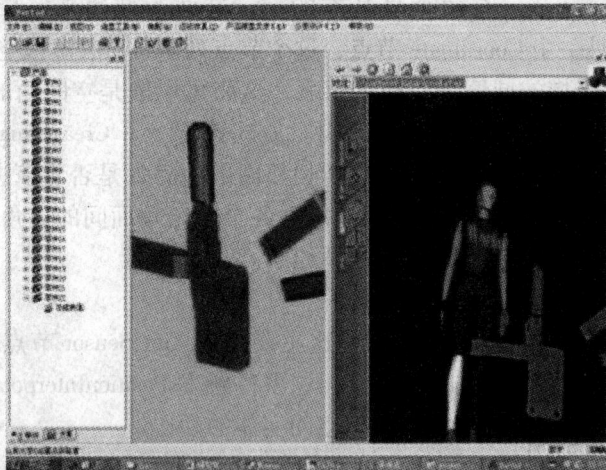

图 4 - 24　动态仿真的实现

思　考　题

1. PreD 采用的产品结构模型是用什么样的数据结构表达的？与 ASIC 数据结构是什么关系？

2. 鼠标拖动造型有什么优点和缺点？有哪些技术措施可以改进其缺点？

3. 产品概念结构是如何建立的？基本依据是什么？在编程实施时会产生什么问题？如何解决？

4. 产品设计过程逆向求解的基本依据是什么？产品概念结构设计过程只有一种吗？

5. 选择你所熟悉的一种产品，完成零件造型、装配、概念结构生成与产品设计过程逆向求解。总结所存在的问题和改进的途径。

参 考 文 献

[1] 詹海生，李广鑫，马志欣编著. 基于 ACIS 的几何造型技术与系统开发. 北京：清华大学出版社，2002.

[2] 王卫国，黄克正，陈洪武. 基于 ACIS 平台及功能表面的产品模型. 工具技术. 2005（7）：40 – 44.

[3] 柯勒. R. 机械设计方法学 [M]. 党志梁，田世亭，唐静，等译. 北京：科学出版社，1990.

[4] 黄纯颖. 机械创新设计 [M]. 北京：高等教育出版社，2000.

[5] 王卫国. 基于生长型设计理论的产品反求技术研究与开发 [D]. 济南：山东大学，2006. 5.

[6] 李斌. 面向创新设计的产品反求研究 [D]. 济南：山东大学，2007. 5.

第5章 产品设计知识积累与共享

人类能力大小与所掌握的知识的多少紧密相关。对于产品知识，人类主要以理论知识和经验知识两种形式掌握和继承前人的知识。理论知识的高度概括和对经验知识的大幅浓缩，大大提高了人类的学习和应用知识的能力。当前处于知识经济时代，知识在产品中的价值份额愈来愈重，在有些产品中，甚至起到了绝对主导地位。

在设计制造领域，任何产品的问世，包括创新、改进和仿制的，都蕴涵着对已有科学技术的应用和借鉴。与产品设计、制造和使用等相关的知识，不论是产品设计技术还是生产制造工艺都是人类智慧的结晶，这些知识的共享和重复利用，对推动社会文明发展具有重大意义和价值。

由于设计理论水平的局限，现有设计知识的使用效率和效果受到很大限制。基于本书第2章介绍的机械产品设计自动化理论，我们可以很好地改进产品设计知识重用问题。本章将讨论基于产品设计自动化理论和产品逆向技术的产品设计知识的积累与共享问题，包括设计信息结构化、概念设计阶段的设计重用、标准件的重用、设计系统中知识和信息获取和重用的架构等。

5.1 概　　述

设计重用的研究是在20世纪五六十年代，随着零件分类系统的建立而发展起来的，零件分类系统的建立鼓励设计人员更多地重用已有的产品设计。到了20世纪末，设计重用的研究逐渐形成了高潮。在1998年6月，英国Brunel大学举行了"'98工程设计会议"，设计重用成为当时的大会主题，标志着设计重用研究达到了一个阶段性的高潮。[1]

传统学者认为，创新和重用是一对固有的矛盾，如何在产品开发中协调这对矛盾，在当时的设计重用研究中，成为研究者关注的焦点。Clausing[2]认为创新和重用之间需要一种平衡，这种平衡一方面可以避免因缺少重用而造成的人工和知识的浪费，另一方面，过度重用也会造成市场单一，无法满足客户多样化的个性需求。Clausing同时指出了造成设计重用缺乏的主要原因有：产品规划不合理；设计方法的非生产性的多样化。造成不必要重复设计的主要原因有：产品设计稳定性差，缺乏信息支持，以及设计错误。

本书从分解重构创新原理和广义创新理念出发，认为创新和重用是在不同的层次讨论问题，不存在矛盾。创新是指整体产品针对相关环境下能够更好地解决问题的新方案，例如，如果结构并不先进而加工工艺得到很大提高，则会大幅降低生产成本，满足社会的需求，那么这也是很好的创新产品，而重用则不可能是指产品整体，否则就是使用、借用或者抄袭、专利侵权。这和创新的本质是不相容的。

众所周知，现代产品绝大多数是由众多零件组成的结构。在整体产品功能不变的情况下，可以有很多种结构存在，而组成零件中可以有很多相似和相同的，是零件重用的基本依据。在设计实践中，设计思想和方法是经常重用的内容，很多机械结构是常用的设计参考，优秀的产品设计则是得到广泛的参考和借鉴的。

现有工业行业使用的技术与理论是人类不断总结实践经验和科学试验的结果。然而，由于计算机的严格特性，基于计算机系统的设计重用并不像设计人员进行重用那样容易。原因有很多方面，计算机缺乏产品整体结构和设计过程综合能力是关键问题之一，缺乏系统化的结构信息也是关键因素。但是，理论上缺乏有效指导则是根本。例如对最具创造性的（概念）设计过程，人类对自身是如何进行创造的尚不清楚，设计仍然处于半理论、半经验的状态，对后续的设计制造工作产生了"瓶颈"限制作用，不利于人类从总体上考虑重用问题和优化设计活动。

设计知识的重用主要靠设计人员完成。设计人员如何学习、继承、掌握和使用人类所积累的产品设计知识进行创新是关键。

从现有产品设计实践的现状，机械产品结构设计的学习和掌握主要靠练习和实际经验积累，因而从现有产品开始学习机械产品结构设计是正确的途径；机械产品结构设计是以形象思维为主的脑力活动，采用实际存在的产品，容易理解和接受。

现有产品是成功设计的结果，但是设计过程一般得不到：设计思维神秘感，设计档案不全。实习中也受时间和客观环境资源的限制，甚至工作多年的设计人员实际接触的产品结构也很有限。这些情况极大地限制了工程设计人员的结构设计能力的迅速提高。

从设计理论方面讲，结构设计理论上不完善，对于千变万化的零件结构和产品结构，尚未有成熟的理论对应。学习新的设计理论可以帮助克服设计思维的神秘感，理论学习结合设计实践效果最好，为了减少新设计的难度，从现有产品开始较好。

　　产品逆向工程从大量实际产品例子学习产品设计，并应用新的理论建立和补充设计过程，从而使学生得到完整设计过程的训练[3]；作为工程含义，PRE 将把上述过程标准化、系统化和工程化，建立产品结构基因库，从实际产品获取丰富的设计知识，辅助产品设计人员参考现有设计实例，促进设计创新的进展。

　　本章从设计知识重用和共享的角度，讨论用产品逆向工程方法如何获取设计知识，知识的分类、存储和管理，以及如何在设计过程中使用和共享。

5.2　设计重用的划分和设计知识分类

　　知识是人类在实践中所积累的认识和经验的总和。众所周知，专家设计的根本动力和源泉就是对知识的掌握、处理和运用，如果没有知识，就无法对获取的信息进行分析、综合，也无法判断和决策。因此，设计自动化实际上就是对知识的自动化处理。

　　在设计经验难以总结时，基于实例的设计是以实例作为主要的推理依据而形成目标方案的策略就显得尤为重要。在工程实际设计中，人们已经积累了大量的实例，是设计者设计经验的集合，特别是对不同要求条件下的设计方法、技巧的充分体现，是重要的知识来源。

5.2.1　设计重用的划分

　　知识的价值只有在使用时才能体现出来。一方面，来源于实践的实用知识和来源于正确反映实践现实的理论知识才能在设计实践中得到有效利用；另一方面，设计知识形式与设计过程相适应才能最好地支持设计知识的重用。首先从产品设计的角度，我们可以根据知识在创新设计过程的作用进行设计重用的划分：

　　1. 需求元素层次的重用

　　根据具体产品的需求进行需求分解，如果某些需求元素是原有产品的需求组成部分，则可重用该需求元素，组成新的产品需求方案。这是最高层次的设计重用，可以直接引入大的产品系统中的子产品。

　　2. 作用原理层次的重用

　　根据具体产品的需求，在选择产品主要作用原理时，可以考虑是否重用成熟的作用原理，例如发动机中的曲柄滑块机构原理。这种层次的重用往往是成熟机构的引入。

　　3. 结构形成过程的（部件）的重用

　　在产品结构的生长过程中，逐步生成了由多个零件组成的某些部件，例如传动链和基础支撑系统。这些部件可以根据其基本功能查询出来，重用其整个结构。

4. 零件层次（零件功能原理）的重用

在产品结构的生长过程中，每个零件是单独生成的，每个零件有其独特的功能和结构。在新的设计过程中，可以搜索出这些零件的功能，重用该零件的结构，包括标准零件，如紧固件、齿轮等。

标准件在装配体和机械系统中占有很重要的地位，设计者可以通过电子目录和标准件库的方式，实现对标准件的重用。Culley 认为通过电子目录可以增加找到最佳零件的可能性，提高选择的速度，增加找寻所有的零件及变型的机会，电子目录应该具有普通查询程序和优化的特定的查询程序。

5. 定位功能模式的重用

基于广义定位原理，千变万化的零件结构找到了统一特点，其中可以标准化的定位功能模式是可以大量重用的设计信息。

6. 功能表面（包括外观表面）的重用

功能表面类型有限，但是可以组合成任意的零件形状。在设计工具系统中可以大量重复使用。

5.2.2　设计知识的分类

根据设计重用的划分，可以把设计知识作相应的分类：

1. 需求知识

主要是依据产品要实现的功能、用户的要求及市场状况等因素综合考虑得出产品的需求知识。

关于人类需求的分析知识、发展趋势认识、社会发展趋势理解等；为了方便使用，需求知识应该与产品需求原型概念联系起来。例如，人类老龄化趋势在某些国家非常严重，因此如何分析产生的新需求就是产品创新的重要方向；同时，老龄化分析应该细化到老年人需要移动但是不够方便，支撑老年人的人—环境界面以及需要，构成进一步产品设计的原型。

2. 物理原理知识

为了满足人类自身生活和社会生产的需要，设计相关产品时要充分利用符合客观世界规律的原理和效应。例如，人类走动慢而费力，则可考虑滚动原理满足人类快速旅行的需要。

3. 结构形成过程知识

结构形成过程知识主要依据设计人员的经验、产品的功能结构、设计过程的模式信息（包括模式的类型、结构、在产品方案中的作用及模式中功能表面的类型等）、专家系统和信息查询等多渠道获取。

（1）产品装配知识：根据产品功能要求、零部件间的装配关系及设计人员的经验来获取装配知识。

（2）加工制造知识：零件形状可制造性是评价零件的关键指标，也是促进零件结构分解重构而生长的主要因素之一。因此，加工制造知识是产品结构生长过程中必需的知识内容。

（3）方案评价知识：主要是依据设计经验、用户要求及已有的评价准则来判断。

4. 零件层次（零件功能原理）知识

产品方案匹配知识：通过匹配规则调用壳体库中已有的零部件替换方案中的概念零部件，所以其知识是从程序规则和壳体库中获取。

（1）零件功能原理：每个零件的基本功能是其存在和生长出来的基本依据，如何实施和保持这些基本功能是设计过程中要解决的问题，需要相应的原理知识。

（2）定位功能模式的重用：每个定位功能模式都有特定的定位方案，影响各功能表面的受力和性能发挥，因此，传统的机械设计知识需要合理地应用于定位功能模式上。

（3）功能表面：每个功能表面都涉及功能和结构两方面的知识。

①基本定位知识：几何结构和基本定位功能的知识；

②表面处理与功能知识：表面物理性能和其耐磨等性能的关系知识；

③外观形状与色彩知识：设计人心理学知识。

④表面生命周期知识：表面及其功能在其生命周期中变化的知识。

5.3　设计知识库

设计知识内容广泛，为了更有效地处理、管理和利用设计知识，把设计知识组成一个系统是重要的途径。

5.3.1　设计知识库建立

设计知识库是产品逆向工程的一个重要组成部分，最终目标是在产品创新设计过程中能够充分发挥其作用。其使用目标环境[4]如图 5 - 1 所示。创新设计工程师人机交互式操作计算机辅助设计系统进行创新设计活动。设计过程中根据需要通过数据库管理系统，从设计知识库中检索需要的设计知识。根据生长型设计过程的特点，在概念设计阶段，主要有方案库、概念零件库和概念模式库，功能表面层次的相关知识隐含于上述知识库和系统操作环境中。为了帮助用户理解概念以及详细设计阶段的零件重用，知识库中还包含了实体零件库。

设计知识库主要由管理系统和各设计知识子库组成。一个重要组成模块就是数据库管理部分，包括只供用户动态使用的数据库。知识库作为其中最重要的部分当然是不可缺少的，包含模式库、零件库、方案库等信息库。

本系统的知识表达的最大特点是基于功能表面的功能与结构集成表达。任何设计知识都应包括功能信息和结构信息两部分。在具体数据库组织上，知识库结构可以有不同的形式。

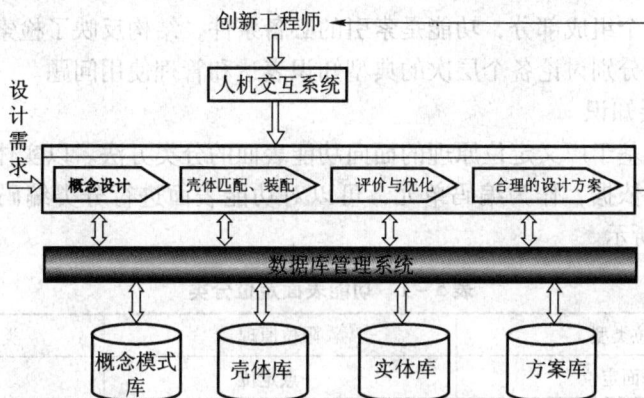

图 5-1　设计知识库和使用环境

设计知识的功能部分比较抽象，一般采取数据库（表格等）形式，具体内容可以用文字、数字、分类编码等表达。设计数据库由方案库、部件库、零件库等子库组成，由功能表面的分类编码表达是常用方法。

设计知识的结构部分一般由大量的图库组成。图库在统一的产品数据模型的指导下形成，其实质是三维图形库，它将所有的图纸信息都存放在统一数据库中，一张图纸的信息在数据库中有唯一的定义，其他系统对它的操作的一致性由数据库来保证。

数据库对外部的检索指令做出回应，通过检索到的分类编码，提取外部属性码得到实体图纸的 ID，然后到图库中去检索，并把检索到的图形反馈给外部消息。实体库的结构和反应机制如图 5-2 所示。

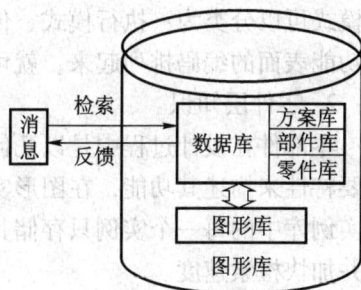

图 5-2　知识库的结构

5.3.2　设计知识的表达

用面向对象的方法表示知识是比较适合设计知识表达的技术，面向对象表示方法具有封装性、可继承性、多态性的特点，对象之间通过消息传递来进行通信。分类编码是方便信息存储和检索使用的有效技术，促进了信息的标准化和使用的高效率。历史悠久的企业都有大量的产品与零件实例，是宝贵的智力资源。为了充分利用产品资源，也需要建立一套明确的产品设计知识分类编码与检索技术系统。

产品设计知识包括表面层、零件层和产品层三个层次的知识，知识对象包含功能和结构两个组成部分，功能是索引的必备条件，结构反映了检索后的操作方法。下面我们分别讨论各个层次的典型知识表达和管理使用问题。

1. 表面层知识

这里介绍基于广义定位原理的面向功能表面的分类方法。以实体零件上存在的功能表面为依据，作为编码单元，可以对功能表面进行分类编码[5]，分类规则如表 5 - 1 所示。

表 5 - 1　功能表面定位分类

定位类型	限位原理	类型编码
小平面定位	一点定位	1
长平面定位	两点定位	2
大平面定位	三点定位	3
短圆柱定位	四点定位	4
长圆柱定位	八点定位	8

零件定位模式是从很多零件中抽象出来的概念模式，由一组功能表面组成，具有广泛的通用性，可以标准化，作为重用单元，组成模式知识库。设计所需要的模式可以分类为：执行模式、传动模式、结构模式、原动模式等。把组成模式的功能表面的编码排列起来，就可以形成模式的一种编码。

2. 零件层知识

零部件在设计过程中是以几何图形表达的，分类编码体系对其进行抽象后以必要特性来描述其功能，在图形实现上采用参数化技术对其进行实例化。这样对于实例库中的每一个实例只存储其设计参数而不必对图形进行存储，节省存储空间并加快检索速度。

概念零件可以由从实体上提取的功能表面集来表达，作为知识信息，其编码可以由壳体名称、分类编码、几何编码等组成。壳体是对实体零部件进行抽壳而得到的简化表达，众多壳体进一步组成壳体库，并与功能表面编码信息相关联来表达完整的概念零件功能与结构信息。分类编码包括定位表面集和使定表面集编码两部分。

运用面向对象的技术，典型的概念零件可以描述为：

（Object Type = Object；　　　　　　　　零件壳体名称
　　　　　　　ObjectID　　　　　　　　　零件索引号
　　　　　　　S1，S2，S3，…，Sn　　　　零件分类信息编码
　　　　　　　Procedure P1；　　　　　　操作状态 1（装配特征码）
　　　　　　　Procedure P2；　　　　　　操作状态 2（外部属性码）
）

采用零件分类编码作为识别码，为主动类型，当在一外部消息驱动时，识别码调用自己，然后执行一个任务。分类编码在确定零件实例时，具有一定的特殊性，即检索后的实体零件应具备概念模型的装配特性，由于概念模型具有装配信息，其中包含有装配序列信息，因而在索引中应考虑装配顺序问题。

事物特性码由装配特征码、外部属性码组成。装配码反映了实例零件的特征，包含零件的较完整的信息，为零件实例库的分段存储、查找及维护提供了方便；外部属性码反映了零件实例应用方法，体现了具体实体的结构特征，这些特征在应用过程中可动态修改。

3. 产品层知识

方案库是用来存储设计过程中所产生的方案的，属于产品层设计知识。在基于功能—结构统一原理的指导下，方案是由该方案设计产生的原始功能需求和设计过程及概念结构所组成，在知识库中有唯一的方案名，可以按该方案的功能编码检索。

需求知识和作用原理知识也属于产品层设计知识。与产品方案基本相同，包括功能编码和产品方案集，但是知识层次更高。

5.3.3　设计知识的获取

设计知识重用是一个系统工程，包括知识的获取、存储管理和在设计过程中的应用。人工智能研究中，着重从具有丰富设计知识和经验的专家身上挖掘和提取宝贵的设计信息和知识，基于实例的推理则转向设计实例的知识提取。本书提出的产品逆向工程，在相关设计自动化理论基础上，综合获取设计专家和产品实例的信息和知识，为设计知识在产品创新中的重用奠定基础。

反求思维在工程中的应用已源远流长。为了对已有产品进行改进、再创新设计，在短时间内设计出产品用来与顾客交流或市场反馈，反求工程或逆向工程是一个有效的新技术。挖掘发现已有成功产品中的知识组成，发挥这些知识的价值，再现附着于这一产品及其相关环境（设计、制造、应用）中的知识尤其是经验知识的创造过程，是一项很有价值的工程。它是从引进设备到引进技术这一升华过程中不可缺少的关键环节。对已有产品功能原型的反求设计研究作为其主要内容，使得引进、消化不只是局限于引进产品实物原型生产功能的实现，而且

将真正实现附属于产品中的知识为我所用。

根据设计知识库中的知识层次，设计知识的获取分四层进行，主要有：

1. 功能产品目录知识获取

功能产品目录知识包括设计需求知识和产品作用原理知识，主要是设计人员已设计的产品以及从互联网上搜索的相关的完整产品知识。

2. 产品方案库知识获取

在产品设计过程逆向求解中，得到很多步骤的设计过程，每一个设计状态都是某种意义上的设计方案，可以选择重要的方案存储到库中，而这些信息就是产品方案知识的重要来源。

3. 概念零件库知识获取

概念零件是对实例空间中已有实例零件的抽象，其表达实例的能力随实例的增多而不断增强。如果对一特定的设计任务，而实例空间中没有与之相似的实例时，可以通过基于归纳知识的推理或人机交互设计，产生满足当前设计要求的解。此解可作为新的实例存入实例空间。同时，概念零件模型将对包括该实例的实例空间重新归纳，从而扩展了零件实例的表达能力。

对于基于实体零件建立的三维信息模型进行抽壳，把功能表面的信息存放在功能表面编码表中，壳体存在壳体库中，如图 5-3 所示。如果实体零件存在 3 个功能表面，通过设计师人机交互选择得到概念模型，概念模型通过编码系统形成实体零件的分类编码存入实例库中。同时实体零件三维图直接存储到图形库中，得到的图形 ID 转化为分类编码的外部特征码[5]，存储到数据库中。

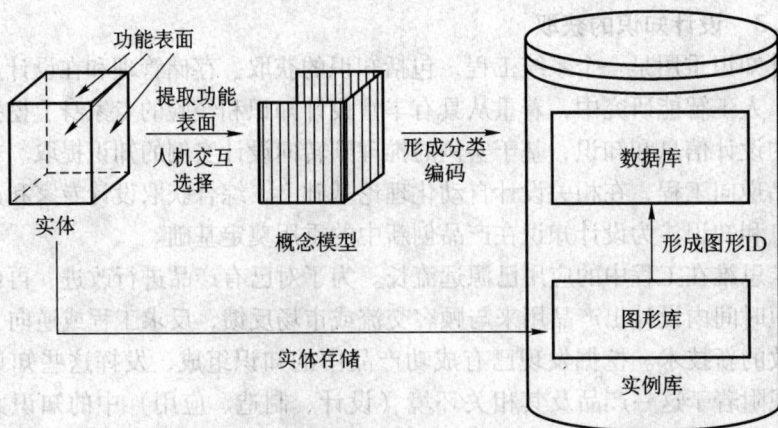

图 5-3 概念零件的获取

4. 实体零件库知识获取

根据实际产品上的实际零件测量、建模、存储到库中。这些实体零部件就构成了实体库，这些实体零件部分是设计人员设计的，部分是借用已有的实体件。

5.3.4　产品概念方案的获取与管理[6]

概念结构生长型设计过程中形成许多不同的设计方案，在此设计过程中不仅要保留最终结果，也要保留中间设计过程的设计信息和设计方法。

设计过程中，一个设计版本数据可能被多个设计人员所使用，一个设计人员也可能生成一个设计对象的多个版本。此外，设计是个反复迭代和不断优化的过程，因此存在版本的合并、删除等操作。本书采用产品设计树型式的版本模型来保存版本形成的历程。结合概念结构设计的特点，系统对保存的版本采用差值的方式进行，子版本继承了父版本的内容，并且增加自己独有的东西。

利用分解重构理论，将产品分解为部件和零件，部件可以再分解为零件，零件进一步分解为表面。由此形成了分层的树型结构，成为产品结构树。在产品结构树中，每个零件、表面对象都有自己的属性，如表面有标识码、名称、版本号、删除标志、功能类型等，可以按照单个或多个属性进行单独或联合查询获取详细情况，通过表面的属性操作来完成版本的回溯。

概念设计阶段的一个特点是数据类型并不是很复杂，数据量相对来讲也不是很大。但是由于其创新性的特点，数据更改频繁，版本较多，在此阶段实施版本管理实现对产品方案的管理可以简化管理过程。设计对象会存在许多版本，版本反映了协同设计过程中设计对象的不断演变的动态变化。版本应包含应用软件产生的全部信息、版本的标识信息、设计对象和它的各个版本之间的联系信息以及附加的版本信息。

层次式版本模型：在整个设计过程中，同一个设计对象要经历许多次修改和状态改变。设计人员希望能够随时访问或查看对象的先前状态（版本）。开发新产品的过程是重复的设计活动或边试探、边改进的过程，根据产品的生命周期和开发计划，有组织地实施改进，每次反复都会导致设计对象新版本的产生。一个版本可以代表某个特定设计对象的信息和方法。不同版本可以代表不同的设计活动或不同的设计方案。产品功能需要每一个零件的协调统一来共同实现，而每个零件也是一个相对的功能整体，这个功能又是由组成它的一组功能表面来共同实现的。概念设计过程产生的每一个产品方案都是由一系列功能表面组成的（表面组合成零件，零件组合成部件，部件组合成产品）。相对于功能表面、零件、产品这三级结构模型，我们规定了三级版本模型：功能表面版本、零件版本及产品版本。并将版本信息融入产品模型的三级结构之中，目的是集成管理产品版本的产生、继承、删除等历史关系。版本信息需要在这三级结构中分别记录，以表示表面的版本、零件的版本以及产品的版本。表面的版本指该表面是哪个阶段生成的或被分解的；零件的版本指该零件是哪个阶段创成的；产品的版本中记录产品当前处于的设计阶段。

版本管理操作：在产品的设计过程中，版本管理涉及版本的演变过程管理和面向用户的存储管理两个方面，包括版本的产生、版本存储、版本回溯、版本当前状态查询等操作。所有这些操作都是根据记录功能表面、零件和产品的 *VersionID* 或 *SplitFlag* 来实现，这就需要对数据库进行操作。对数据库的操作是隐含在当前版本下执行，执行起来与无版本控制相同，用户对版本的使用概括起来有以下几种：

1. 版本的产生

产品设计的过程中，随着产品的进化设计，每一步都需要记录功能表面、零件及产品的版本 ID。新产品的设计从产品功能原型开始，这时产品有两个零件组成，一个零件是虚拟需求环境（*versionID* = 0），一个是由一组实现功能的功能表面组成的功能零件（*versionID* = 1）。比如对于夹具概念设计，第一个零件（虚拟需求环境）是工件，第二个零件是夹具原型。第一个零件所有表面的 *VersionID* = 0，第二个零件的所有表面的 *VersionID* = 1；这时产品的 *VersionID* = 1。产品的生长式设计是通过表面的分解重构来实现的。比如从第二个零件拆出一个表面，根据选择的定位模式生成一新的零件。这时，属于第二个零件的该面的 *SplitFlag* 记为 2，表明该面是在产品的版本 2 中被拆出的，只有在显示的产品版本小于 2 时才显示它。而新生成的零件的 *VersionID* = 2，新生成零件的所有表面的 *VersionID* = 2，这时产品的 *VersionID* = 2，依次类推。

所以，在版次更迭过程中，每次生成一个新零件，产品的 *versionID* 加以更新，新零件的版本号等于产品的最新版本号，而被分解表面的 *SplitFlag* 记为新零件的版本号。

2. 版本存储

在产品的设计过程中，设计信息往往是大量的，但在每一步的设计操作中更新的信息往往只是其中的很小一部分，也即相邻的两个版本之间往往有许多相同的信息，只有少部分由于更新、创建或删除而不同；后继版本中的其余信息乃是继承于其前驱版本。针对产品设计过程这种特点，在版本信息存储上，为了减少存储空间，采用了向前版本管理策略，即从某一个具有完整数据的原始版本开始，在版本的衍生发展过程中，只追加存储与其直接前驱版本间的差；这样，当前设计的各个版本是存储于一个数据文件中，只是在数据的标识上来表达各个版本。采取这种版本的方法，可以节省大量存储空间。

　　我们采用的版本管理模型如图 5 - 4 所示，为一树状结构，箭头表示版本之间的历史关系，代表的是设计进化方向。与类的分层结构相似，版本之间具有继承关系。对于版本 V0、V1、V2、V3，我们每次只是在一个产品数据中库存储与前面版本不同的内容，用零件的版本号和功能表面的版本号来区分产品的版本。所以这个分支的四个版本存在于一个物理文件之中，这样可以大大节省存储空间。对于最新版本，可以由当前对象中的数据直接存盘。在回溯的过程中，也可以存储任一版本，开始新的分支，如 V4，V5。

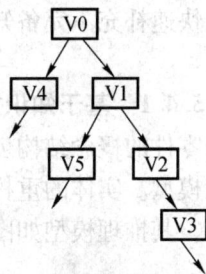

图 5 - 4　产品版本层次结构

　　3. 版本回溯，版本切换

　　版本回溯，即通过从后往前依次显示各个版本的产品方案来观察版本的前后历史关系及某版本中的一些主要内容。版本回溯浏览不改变产品的数据库，也不产生新的数据文件。

　　通过 *MFuncFace _ VersionID*、*Mpart _ versionID* 和 *SplitFlag* 三个变量来实现版本的回溯功能，当设计者想要回到某一版本 *X* 时，系统将自动将 *MFuncFace _ VersionID* 和 *Mpart _ versionID* 的值大于 *X* 并且 *SplitFlag* =0 的表面过滤掉，剩下表面（*ID* 号小于等于 *X*）的组合就是设计者要回溯的版本；版本前进一步和后退一步，系统将对 *MFuncFace _ VersionID* 和 *Mpart _ versionID* 进行加 1 或减 1，然后对设计中所有功能表面进行过滤，只留下符合条件的功能表面，这样实现了版本回溯的功能。

　　比如对于版本 *X*，产品方案显示的内容需满足下面的公式：

VersionIDpart < X && (VersionIDfuncface < X&& SplitFlagfuncface ≠0)

　　版本切换，即指定某一版本为当前版本，并进行物理存储。系统默认规定最新版本为当前版本，所有数据库操作都在此版本上进行。只有通过版本切换，对相应的相关数据同时进行切换生成一个新的物理文件作为当前版本，才不会破坏数据库的一致性。版本切换也要满足上面的公式。这样在产品方案树上可以通过版本 ID 任意层回溯或切换，保存和查询任一方案及其版本历史。每一分支的各版本只是存储于一个数据文件上，这样在很大程度上节省了存储空间，又保证了数据的一致性。

5.4　设计知识应用[5]

　　产品生长型设计阶段，经过运动功能分析，每一次功能表面生成新零件时都将出现一个新的定位功能模式对，该模式对中的两套表面集将分别加到两个不同零件的表面集中，从而表明两个零件间具有装配关系。在零件功能建模阶段，基于广义定位原理，经过装配性分析、分解，根据需要渐次添加零件其他组成表面，但各个表面之间还不存在相互关系，表面的信息也不完备。充分利用知识库信息快速补充不完备知识和信息是设计过程中的重要工作，可节省大量的时间和精力。

5.4.1 基于知识重用的设计过程

零件的概念结构创成以后，实际上是由一组功能表面关系集构成，即零件的概念模型。实体的重构过程可以通过基于实例的推理技术添加辅助表面及其相互关系，其推理模型如图 5-5 所示。

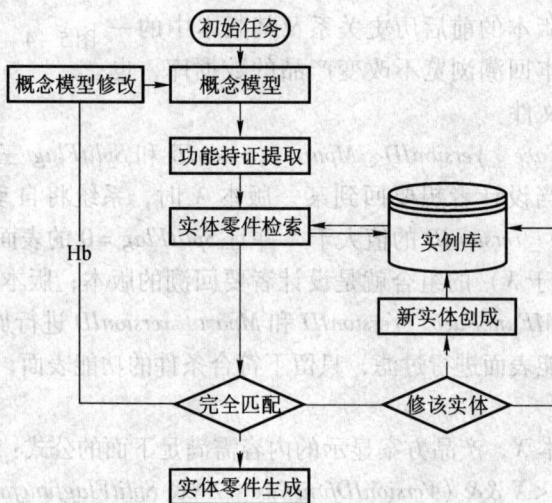

图 5-5 推理设计模型

具体处理过程包括两个步骤：

（1）对概念模型中的功能表面进行特征识别，并将识别的特征规划分类，形成特征代码，以此对实例库进行检索。

（2）将检索后的实例进行修复创新，形成实体，并在装配空间中进行装配。

5.4.2 实体零件的检索模型

基于广义定位原理的检索模型，如图 5-6 所示，通过分层检索方式对实例进行检索，即检索主线由高到低、由组件层到零件层、由组件库和部件库到零件库。检索辅线表现为同层的实例库遍历检索。

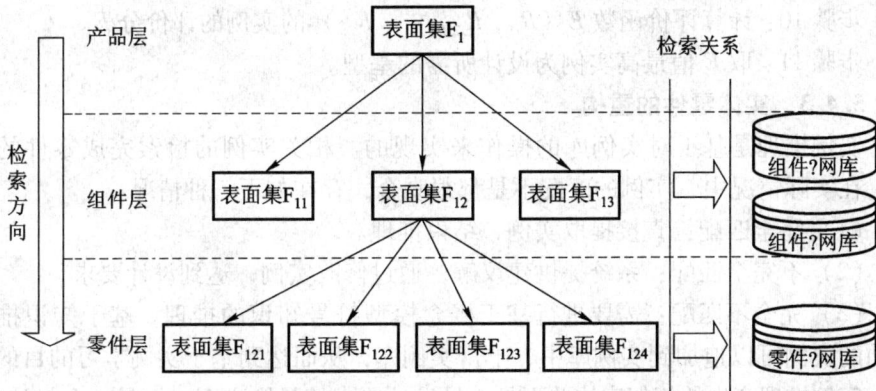

图 5-6　检索推理模型

在检索过程中，如果从零件实例库中提取的实例与概念模型中的设计参数完全匹配，则提取实体进行评价和装配，如果零件实例库中没有与要求设计参数完全匹配的实例，则应从已有实例中提取与设计参数部分匹配的实例组，进行设计推理，具体算法如下。

步骤 1：令 $F = \{f_1, f_2, \cdots, f_m, f_m+1, f_m+2, \cdots, f_m+n\}$ 表示以概念模型对象所具有的一组特征编码，其中 F 表示概念模型中的任一功能零件，$f_i(i=1, 2, \cdots, m)$ 为对象的重要属性，即功能表面分类编码，$f_i(i=m+1, m+2, \cdots, m+n)$ 为对象的一般属性。

步骤 2：设定 $W = \{W(f_m+1), W(f_m+2), \cdots, W(f_m+n)\} \in [0, 1]$ 为对象一般属性的权值。

步骤 3：令 $V = \{v_1, v_2, \cdots, v_{m+n}\}$ 表示一组相应于对象属性的值，设要求设计参数为 v'，对每一实例取其实际功能属性 v''，计算 $S = \{S(v'_1, v''_1), S(v'_2, v''_2), \cdots, S(v'_{m+n}, v''_{m+n})\}$，当 v'_i 与 v''_i 相同时，取 S 为 1，否则 S 为 0。

步骤 4：计算 $B = S_i(W(f_j) * S(f_j)) \in [0, 1]$，即得实例的匹配值，其中 $i = 1, 2, \cdots, m$，$j = m+1, m+2, \cdots, m+n$。

步骤 5：设匹配阈值 T，取 $B \geqslant T$ 的实例为所选相似实例。

步骤 6：令 $C = \{C_1, C_2, \cdots, C_n\}$ 为经近似匹配所得的候选实例。

步骤 7：若 $C = \{\varphi\}$，则应通过设计师手工创制新实体，作为设计所需基型，并作为新实例添加到新实例中。

步骤 8：若 $C \neq \{\varphi\}$，令 $S = \{S_1, S_2, \cdots, S_m\}$ 为一组评价标准。

步骤 9：计算评价矩阵 $R: C \times S \rightarrow [0, 1]$，$R_{ij} = R(C_i, S_j)([0, 1], R | C \Downarrow i = (R_{i1}, R_{i2}, \cdots, R_{im}) \in [0, 1]m$，其中，$R_{ij}$ 表示实例 C_i 对于评价标准 S_j 的符合值。

步骤 10：计算评价函数 E（R_{i1}，R_{i2}，$\cdots$，R_{im}）的实例的评价分 E。

步骤 11：取 E 值最高实例为设计所需的基型。

5.4.3　实体零件的重构

实例推理是基于对实例库的操作来实现的。相关实例的检索完成零件的匹配，在实际情况中，实例的匹配不是都很吻合，存在如下三种情况：

（1）完全匹配：直接提取实例，结束推理。

（2）不完全匹配：系统提供建议解，通过修改实例，达到设计要求。

（3）完全不匹配：需要进行基于概念模型符号知识的推理。基于知识推理成功的实例可以追加到实例库中，丰富实例库，从而达到基于实例学习的目的。

实例推理产生的相似实体并不是满足设计要求的最终方案，而是一个初始值，因此要调用实例原型中的归纳性知识模型，经过一定的设计行为使之最终成为满足完全设计要求，这一设计行为具体表现为对相似实体的评价—修改—再评价—再修改的反复迭代设计过程。从系统的实用性考虑，这一部分的设计工作交给设计师交互式完成。对于不完全匹配的实体，由设计师决定是修改概念模型还是修改实体模型，若修改概念模型，则返回推理设计的初始条件，重新进行设计；若修改实体零件，由设计师决定是直接赋予实体新的属性特征，作为新的实例添加到实例库中，还是经过对实体进行结构修改再添加到实例库中，进行检索推理设计。

5.4.4　装配实体的匹配

为了使新问题与老问题匹配而进行实例修复，修复后的实例将向两个方向发展：一个过程为实例的学习，新解作为新的实例添加到实例库中；另一过程为实例替换成为新解。实例替换表现为概念模型和结构模型信息的交换，一方面，实例的生成表现为实体结构的细化，实例推理得到的实体将取得装配信息，作为新问题的解，以便进行装配设计。另一方面，由于在概念模型中，功能表面具有生长性、不确定性的特征，能根据自身功能要求，使自身结构不断从无序到有序、从低级到高级进化、发展、完善，表现为高层次的自创新能力。功能表面在功构映射过程中表现为一个智能体（Agent），能识别自身的存在状态，并进行相应的行为活动，在实例推理进化后，功能表面将继承一部分实例实体的特征和功能，表现为功能表面信息的增长性，如图 5-7 所示。

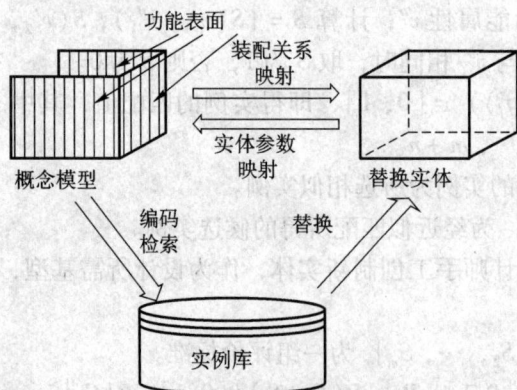

图 5-7　概念结构匹配为实体结构

5.5　产品基因工程[7] 简介

　　产品基因工程就是获取现有产品的产品基因，按照一定形式来构建产品基因库，根据设计需求从产品基因库中检索目的基因，按照一定的规则对目的基因进行重新组合，并对重组后的产品基因进行评价、修改，并转移至适合的环境中，通过基因的控制机理和表达方式，创造出更有价值产品的过程。产品基因工程系统架构[4] 如图 5-8 所示。

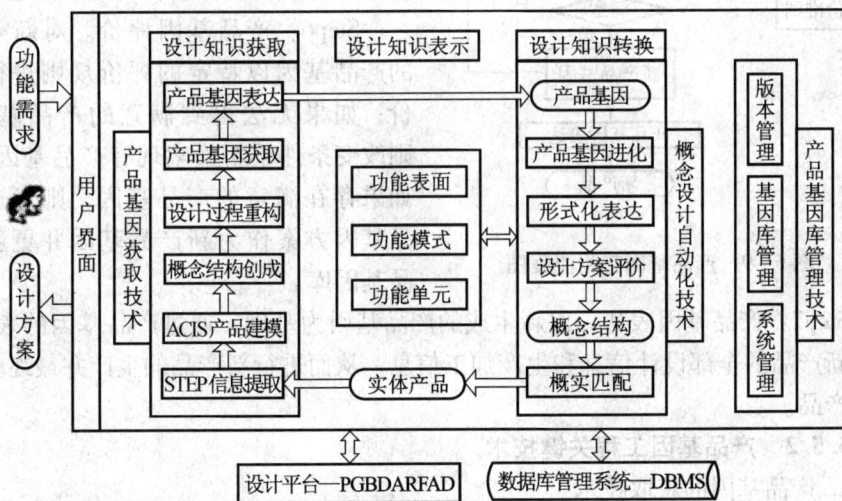

图 5-8　产品基因工程系统架构

5.5.1　产品基因工程流程

　　生物基因工程的主要目的是通过基因的重新优化组合创造出更有价值的生物体，因此，基因工程本质是创新，即创造出原本没有的生物新特性甚至是新生物。产品基因工程的目的是通过对产品基因的操作，实现对现有产品的改良或者创成新产品。机械产品基因工程的系统流程[8] 如图 5-9 所示。

　　产品基因工程主要包括下述步骤：

　　Step1：基因逆转录。根据现有产品，进行产品基因逆转录，从而获取产品基因。

　　Step2：产品基因库。建立产品基因库，管理现有产品基因，为新产品设计奠定基础。

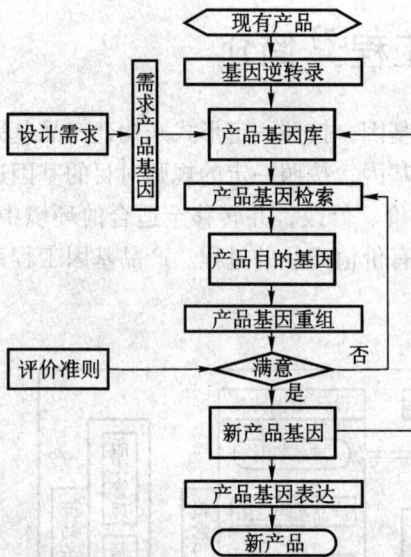

图 5-9 产品基因工程流程图

Step3：需求产品基因。根据新设计需求，进行需求分析，提取需求产品基因。

Step4：产品基因检索。依据需求产品基因检索产品基因库，匹配满足需求的目的基因。

Step5：产品基因重组。对目的基因进行复制、变异和交换等重组操作，得到具有新功能、新特性的产品基因。

Step6：产品基因评价。对新生成的产品基因以特定的评价规则进行评价；如果无法得到满意的产品基因，则改变条件重新检索现有产品基因库；如果存在满意的产品基因，则优选产品基因方案作为新产品基因并更新产品基因库。

Step7：产品基因表达。以新生成的产品基因为基础，通过产品基因的表达，获得新产品的全部设计信息和生产加工信息，从而进行新产品的生产并最终获得实际产品。

5.5.2 产品基因工程关键技术

1. 产品基因的获取技术

产品基因的获取技术是产品基因工程实施的基础，与生物基因逆转录的概念相对应，是获取产品生命周期信息，进行标准化并以功能表面为基础进行存储的过程，这主要通过产品逆向工程来实现。

2. 产品目的基因的检索

生物学上，通常将那些被分离或者将要被分离、改造或表达的特定基因，称为目的基因。在产品基因工程中，依据功能需要能够表达产品某项子功能、用于重组或表达的特定产品基因，称为产品的目的基因。产品基因的检索是指根据设计需求从产品基因库选择匹配出符合设计需求的目的基因的过程。本书采用基于匹配度的产品基因检索方法。

3. 产品基因的重组

产品基因的重组就是对目的基因进行的复制、变异和交换等操作，从而生成满足设计要求的新产品基因。本书将遗传算法应用到产品基因的重组过程，并且应用模糊评价法对产品基因进行评价，实现产品基因重组的过程中对产品基因进行评价选优。

4. 产品基因的表达

产品基因的表达是由产品基因向实体产品生长的过程，产品基因的表达分为产品基因的转录和翻译两个步骤。以产品基因为基础，从新生成的产品基因模型分离不同视图的信息模型用于不同的生产部门，用于实际的生产，从而获得满足需求的实体产品。

5.5.3　产品基因工程的主要特点

产品基因工程是以现有产品基因为基础的，其实质是以现有资源为基础进行的创新设计，产品基因工程具有如下特点：

1. 基于重用策略

产品基因工程是设计重用策略的体现，它不仅包括对产品设计本身的重用，如产品设计中的数据、产品特征、产品用到的零件及装配关系等，还包括在产品设计过程中所形成的设计信息、设计规则、设计方法及设计经验等抽象知识的重用。我们利用产品基因库，将产品特征、产品参数、产品零件造型及各个零件的装配关系设计为产品基因，同样将设计方法、知识等设计为产品基因。产品基因工程通过对产品基因的操作，实现了对产品生命周期信息的重用，是对各种设计资源的重用。由于可以充分利用企业的设计资源，基于产品基因工程的设计有效地缩短了设计周期，提高了设计质量。所以，产品基因工程不仅有其产品创新性，也具有较好的经济性。

2. 面向全生命周期的并行设计

由于产品基因包含产品生命周期各个阶段的信息，所以，对于产品基因的操作就会影响产品生命周期各个阶段。基于产品基因的设计，不仅要满足功能需要，还要考虑缩短产品加工和装配的周期，降低产品开发和装配的成本，甚至考虑减少产品维护和报废后回收所需要的时间和费用，使开发设计人员具有一种全局观念，要考虑到产品的开发设计、制造、管理、销售和售后服务的全生命周期，而不仅仅是产品的开发设计过程。所以，产品基因工程是面向产品全生命周期的并行设计。

3. 面向产品族的设计

产品基因工程是设计重用策略的实现，创成的新产品都是以原有产品为基础的，所以新产品之间共享通用技术、结构和模块等，而这组共享产品通用结构，但具有不同的性能与特征以满足不同用户需求的一系列产品就是产品族。所以，基于产品基因工程的设计，可以实现同时对一族产品进行设计。以客户定制需求为设计的起点与目标，在产品基因库建立之初，把产品基因进行分类规划、聚类存储，产品基因的重组过程更多地考虑同族产品的异同、重组的可能性及重组结果的创新性等。重组后得到的产品基因在不同控制方式、环境中可以生长成为不同的产品，也就是具有相似功能、结构的产品族。所以，在满足客户个性化需求的同时，可以实现生产规模的批量经济性，以达到低成本、高效率的目的。

思 考 题

1. 如何理解创新与重用的关系？

2. 设计重用的可能形式有多少种？按什么标准进行划分比较实用和容易掌握？

3. 基于功能—结构统一原理的设计知识形式上与传统知识有哪些不同？

4. 本章介绍的知识使用环境与专家系统有何不同，对知识的形式和内容有什么不同要求？

5. 产品概念方案是一种设计知识吗？它与基于实例推理中的实例有何相同点和不同点？

6. 基于概念零件的设计匹配与基于实体零件的实例推理有何不同？概念设计的抽象特点是如何体现出来的？

7. 根据前面章节所作的实例产品造型和结构设计逆向求解，用你所掌握的知识和能查到的设计资料补充完善产品设计信息和设计知识。

8. 产品基因工程认为人造产品也能控制其生长的"基因"，这种基因与设计人员有关系吗？与使用人员（用户）是什么关系？产品设计自动化的最终目标是与人脱离关系吗？

参 考 文 献

［1］ S. Sivaloganathan, TMM Shahin（eds）. Engineering Design Conference'98（Design Reuse），1998.

［2］ Clausing, D. Reusability in product development, in Sivaloganathan, S., Shahin, TMM（eds.）, Proc. Design Reuse：Engineering Design Conference, 1998：483－491.

［3］ Kezheng Huang. Enhancing Design Education by Product Reverse Engineering, The CDEN 2008 Conference, July 27－29, Halifax, Nova Scotia, Canada.

［4］ 尚勇. 基于产品基因的机械产品概念设计理论与关键技术研究［D］. 济南：山东大学，2007. 10.

［5］ 李沛刚. 基于实例推理的设计自动化应用及研究［D］. 济南：山东大学，2000. 12.

［6］ 宋政君. 产品概念设计系统中虚拟构思与设计管理技术的开发［D］. 济南：山东大学，2004. 5.

[7] Kezheng Huang, Hongwu Chen, Yandong Wang, Zhengjun Song and Liangmin Lv. "10 Product Genetic Engineering" in "Advances in Design" Springer Publisher, 2006. 1.

[8] JinYong Yang, Kezheng Huang, Huaiwei Ren. Study on PLM – Oriented Product Lifecycle Genetic Model, Int. J. of Manufacturing Technology and Management (IJMTM), 2008. 1.

第 6 章　基于 PRE 的创新设计技术

本章介绍产品创新设计自动化软件系统 DARFAD，并以此系统为背景讨论具有创新潜力的设计过程。从选择现有产品方案，到基于现有产品方案的生长型设计，最后以具体产品设计为例进行详细讨论。

6.1　工具系统 DARFAD 简介

现有 CAD 软件大多处于实体特征建模阶段，仅支持详细设计阶段的绘图、造型和分析等工作。而 DARFAD 软件[1]建立在需求分析及功能建模上，提供产品设计从无到有、零件从少到多、表面从初级到高级、结构从简单到复杂的进化模式，完全支持自顶向下的设计，解决了产品概念设计的抽象表达、病态过程等问题，适合于专业技术人员进行产品的创新结构设计，更是非专业人员进行结构设计的有力工具。

DARFAD 软件是基于需求和功能建模的 CAD 软件，它完全支持产品的概念设计与创新设计，能极大地提高产品设计效率，是现有 CAD 软件的全新技术产品。设计是所有工程项目工作的第一步，对后续工作具有重大影响，DARFAD 系统的应用将推动产品创新设计自动化的进程，提高产品设计全过程的效率和质量。

DARFAD 工具系统的主要特点有：基于三维操作、概念的形象化表达、不需用户考虑结构细节、设计操作分虚拟形象构思和图形综合两阶段、高效的设计过程回溯、概念零件进化功能、设计资源的充分利用、创新与模块化统一、即时概念模拟等。

基于 PRE 技术和系统，实现创新设计的步骤包括三个方面，如何选择相关现有产品并提取相关的设计知识和设计过程，在现有产品基础上实现多方案设计、寻找创新技术产品，以及为了实现借鉴和创新需要设计知识的管理和创新过程的有效管理。

6.2　设计过程的基本步骤

在产品逆向工程及相关工具的支持下，我们可以逐渐建立现有产品的设计知识库。在新的产品设计时就可以选择相关的产品作为借鉴。

在生长型设计过程中，从产品原型的创成到概念设计方案完成，产品概念方案每生长一步，设计对象（产品结构）的框架就细化一些，而且设计对象始终保持着产品整体正确性（满足广义定位原理）。在生长过程中，功能表面中的功能信息、结构信息、装配信息及力学信息等控制着生长过程，而设计者负责调控生长的方向。

DARFAD 系统的主菜单[1]基本是按照设计过程的顺序组织的。下面我们大体按照菜单的顺序，在主菜单列表中，分步介绍主要的设计步骤（注意标记中 [ ] 中是菜单编号，设计步骤用 Step 表示）。采用 DARFAD 进行设计的基本过程如下：

［启动设计过程（系统登录）］：

　　　　Step1：启动设计任务，开启一个新的设计方案，跳转到 Step2；或者选择已有方案作为参考，直接进行 Step3。

［设计新的产品］：如果输入新名称，则建立一子目录。

［设计新的产品］：

　　［需求类型选择］

　　［综合需求获取］

　　［功能需求提取］

　　　　Step2：采用形象直观的方法，设计需求以被操作对象（工件或物品）和工作环境的几何形状，以及它们的相互关系作为基本条件，其他需求作为设计过程的推动力在后面步骤中介绍。

　　［现有功能零件］

　　［显示全部零件］

　　［建与环境联系］

　　［建零件间联系］

　　［交互式修改］

［选择原有设计方案］：

　　［选择现有方案］

　　　　Step3：从设计实例库中提取以往的设计方案，显示设计方案的概念模型，跳转到 Step6。

　　　　产品设计可以从头开始，也可以在原来设计基础上继续进行设计工作。在产品创成设计过程中，不同结构方案自动存放在不同文档中。设计者可以随时取出已经得到的处于不同阶段的设计方案，继续设计，也可作为以后设计工作的起点。

选择工作原理作为功能向结构映射的依据，也是生长型设计中选择功能模式的依据，是概念设计创新的重要层次。确定工作原理的过程是从基础科学研究所揭示的一般科学原理开始，经过应用研究探明具体的技术原理，然后寻求实现该技术原理的技术手段、主要结构。

[取出所选方案]：

当设计方案选定后，取出所选择的方案。

[显示方案结果]：

选择合适视点，显示所取出概念设计方案图。

[执行零件设计]：

[执行表面选择]

Step4：创成执行件，从现有的功能模型实例库中提取已形成的功能模型，如果符合设计需求则提取，否则采用交互式窗口的方法形成执行零件功能模型，并存入功能模型实例库。

[运动结构显示]

[传动零件设计]：

[传动表面选择]

Step5：创成传动件，从运动输出执行件开始逐步分解传动件功能模型块，并从现有的功能模型实例库中提取已形成的功能模型，如果符合设计需求则提取，否则采用交互式窗口的方法形成执行件功能模型，并存入功能模型实例库。

Step6：重复 Step5，直到功能模型分解到输入部件结束，形成完整的装配网络模型图，并显示完整的概念模型。

[显示传动结构]

[产品结构设计]：

[可装配性设计]

[易制造性设计]

[高效率结构]

[低成本结构]

Step7：创成结构件，并从现有的功能模型实例库中提取已形成的功能模型，如果符合设计需求则提取，否则采用交互式窗口的方法形成结构件功能模型，并存入功能模型实例库。

　　Step8：重复 Step7，直到功能模型分解到输入部件结束，形成完整的装配网络模型图，并显示完整的概念模型。

　　［显示装配结果］

［参数交互修改］：

　　［功能表面］：［增加］［修改］［集修改］［删除］

　　Step9：交互式提取功能概念零件，系统将概念模型提取的功能表面按性质划分为使定表面和定位表面，并按照功能表面的类型对分类编码进行排序集。

　　［零件编辑］：［增加表面关系］［修改表面关系］［删除表面关系］

　　［产品编辑］：［增加零件关系］［修改零件关系］［删除零件关系］

［产品详细设计］：

　　［已有零件选用］

　　Step10：系统根据功能表面的分类编码对实例库进行检索，若检索出有完全相似的实体零件跳转 Step12，否则进入 Step11。

　　Step11：系统按所取的功能零件编码从实体零件实例库中进行分层遍历检索，提取任意实体实例 R，得到编码。

　　Step12：通过设计师手工创制新实体，作为新实例添加到新实例中，或者对概念模型中的功能零件进行修改，添加到功能零件实例库中，并作为设计所需基型。跳转到 Step10。

　　Step13：系统按评价系统的灰色度评价指标进行评价，得到符合实用性、可靠性、先进性指标的实体集，若集合不为空，则通过实体显示窗口显示出来，供设计师选择装配，进入 Step14；若集合为空，则跳转到 Step12。

　　Step14：将选定的零件添加到装配视图，同时将概念模型的装配信息复制到实体零件，将实体零件的结构参数复制到概念模型。

　　Step15：如果提取的实体零件与已存在的实体零件在 Part – Net 装配模型中存在装配关系，则系统自动实现装配功能。

　　Step16：重复 Step9 直到提取实体结束。

　　［输出产品图纸］

　　Step17：生成装配图。

　　［输出零件图纸］

　　［产品图档管理］

［设计方案保存］：

　　［设计图形］

　　　　　［功能零件］

　　　　　［实体零件］

　　　　　［产品结构］

　　　　　　　Step18：保存设计方案。

　　　　　［爆炸结构］

　　　［退出当前设计］：

　　　　　［退出当前设计］

　　　　　　　Step19：系统退出。

6.3　基于 PRE 的创新设计技术实例探讨

　　下面以实际产品设计为例，介绍基于 PRE 的创新设计技术。注意：这里指的创新设计是指设计活动具有创新的潜力，设计过程不妨碍创新性的发挥。实际上，并没有完成发明专利要求的创新活动水平。

6.3.1　组合夹具的设计与评价

　　组合夹具是模块化技术，是现代化加工系统中常用的工装。根据实际金属切削加工系统的要求，使用组合夹具系统的模块，快速组合出新的组合夹具。

　　1. 组合夹具的设计

　　针对组合夹具设计，DARFAD 系统将设计流程分为夹紧件的设计、传动件的设计和定位件的设计三部分。每一步设计都产生一个新的工作版本，系统将提示设计者是否需要保存该工作版本，如果选择保存，系统将自动搜索该版本的父版本和兄弟版本，按照父子关系和兄弟关系将此版本保存到设计者的私人数据库内；如果选择否，系统将跳过保存直接进入到下一步设计中去，上一步设计的结果将作为下一步设计的开始。这样大大减少了设计过程出现的中间版本，提高了版本管理的效率。当一个方案设计完成后，就会形成一条具有父子、兄弟关系的树枝，随着设计方案的不断产生，所有的产品设计方案组成了一棵无限延展的版本演变树，如图 6-1 所示。

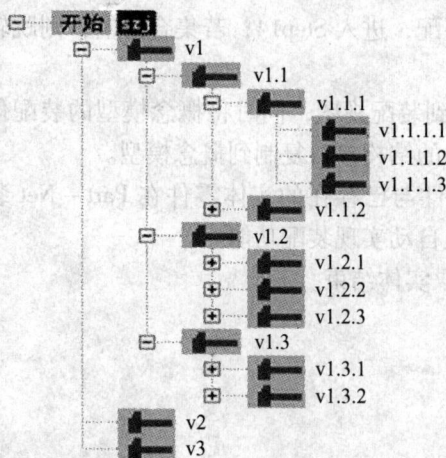

图 6-1　产品设计方案树

当设计人员想把自己的设计方案共享给其他设计人员或者等待审核时,他可以在版本树中选中某一版本后单击鼠标右键,通过 upload 菜单按钮将选中的设计方案提交到公共数据区,此时该版本由工作版本变为提交版本,通过所有审核人员的审核的提交版本,将变为发放版本被存放到成品库中,没有通过审核的提交版本设计人员应进一步修改,版本由提交版本变为工作版本。产品设计过程是一个动态变化的过程,从开始设计到最后投入使用,每个设计版本都会经历若干阶段。

DARFAD 克服了一些系统中对方案版本树只能保存有限层父子关系的缺点,它支持保存无限层父子和兄弟关系。概念设计中,由于设计人员的不同和概念设计阶段容易产生多方案的特点,所以设计过程中会产生大量的产品方案,DARFAD 系统的版本管理特点正好解决了这一问题。

组合夹具设计中,任务是如何使用现有夹具元件组成一个最好的实用夹具。下面针对一个特定的工件实例,介绍用生长型设计法设计和评价组合夹具多方案的过程和特点。

这里考虑的工件是一个箱体,如图 6 - 2 所示。夹具的作用是为了镗孔达到孔中心线到底面的距离高精度。为了简化,只选择了相关的功能表面作为夹具原型。

概念结构生长设计过程主要涉及 [产品结构设计] 菜单项,从 [易制造性设计] 角度,考虑能够使用现有夹具模块实现夹具结构(参照 6.2 节内容)。

创成结构件:为简单起见,我们仅考虑零件一角底面和侧面定位结构问题,所选择的产品(夹具)原型上的部分功能表面如图 6 - 3a 所示。对于孔类组合夹具,定位多采用两面两销模式(如图 6 - 3b 所示)。

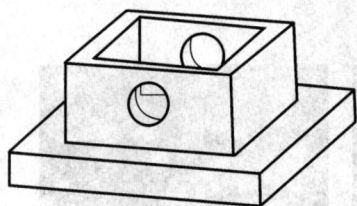

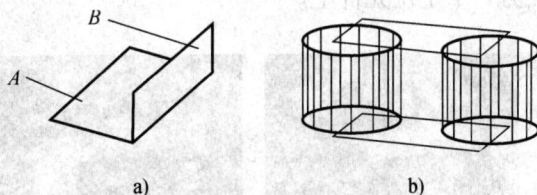

图 6 - 2　工件箱体　　　　　　　　　图 6 - 3　夹具部分功能表面和定位模式
　　　　　　　　　　　　　　　　　　　a)部分功能表面;b)定位模式

夹具生长设计过程主要由功能表面的分解重构过程组成。对图 6 - 3a 所示的功能表面 A 和 B 有两种方式生长:一是把两个功能表面一起分解出来形成一个新的零件（拐角型定位元件），如图 6-4a 所示的概念方案 1；二是分别把两个功能表面分解出来形成两个新零件（顶面和侧面定位元件），如图 6-4b 所示的概念方案 2；如果在方案 1 的基础上继续生长，即把其中侧面定位的功能表面分解出来，形成另一个零件（侧面定位元件），并且安装在如图 6-4a 所示的概念方案 1 中生成的零件之上，则可得到第三个概念方案，如图 6-4c 所示。

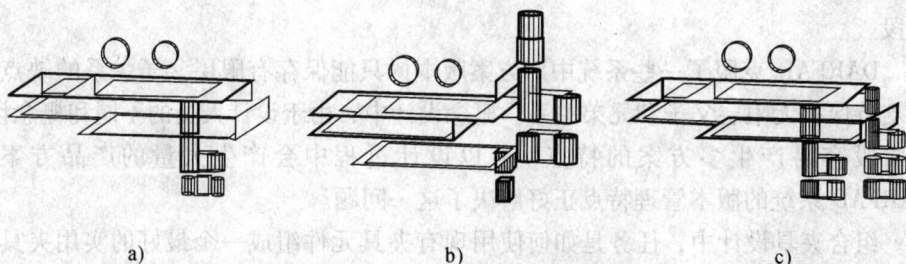

图 6-4　夹具三个可选概念结构方案
a）概念方案 1；b）概念方案 2；c）概念方案 3

2. 概念结构匹配为实体结构

　　概念结构模型只是包含了产品的基本信息，与实际的产品结构还相距甚远。为了得到实际的产品组成，采用实体匹配的方式，匹配合适的实体结构以代替概念结构。通过实体库进行结构匹配。把这三个概念结构方案映射到现有实体模块化元件，可选实体夹具方案变成如图 6-5 所示的三种。结构方案 1：工件底面和侧面由一个定位元件定位。结构方案 2：工件底面和侧面分别由两个定位元件定位。结构方案 3：工件底面和侧面分别由两个定位元件定位，其中一个元件安装在另一个定位元件上。

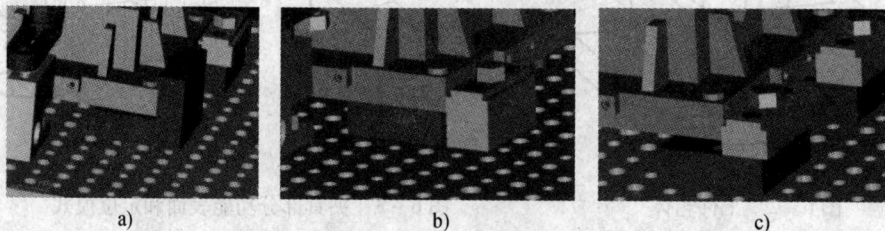

图 6-5　夹具的三个可选实体结构方案
a）结构方案 1；b）结构方案 2；c）结构方案 3

3. 公差分析与结构优化

为了优化选择夹具结构从而得到最高组合精度，可以在夹具结构方案设计的同时进行同步公差设计工作（参见第 7 章内容）。这里只把公差计算结果列出，以便评价上述三个备选方案。

图 6 - 6 所示为二维图纸空间里沿垂直方向的公差方案表示图，因为三种结构方案在这个方向是相同的，因此共用该表示图，公差计算结果列于表 6 - 1 中。

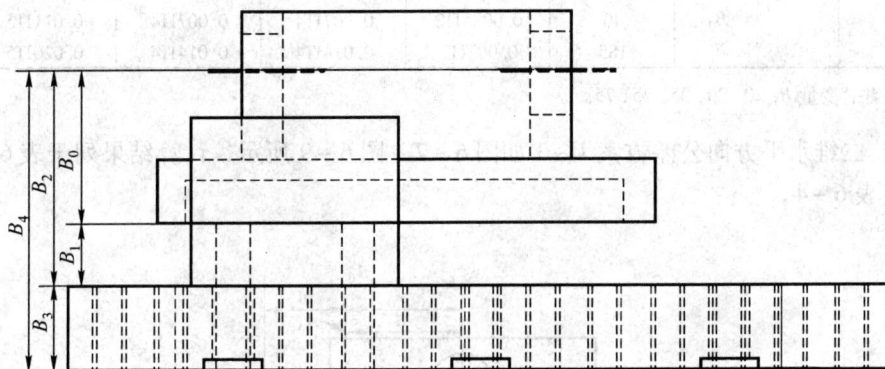

图 6 - 6　二维垂直方向公差方案（三种结构方案相同）

表 6 - 1　二维垂直方向公差方案自动计算结果

生长步数			公称	局部尺寸链		全局尺寸链	
0	1	2	尺寸	极值法	概率法	极值法	概率法
B_0			70	0.030IT7	0.030IT7	0.030IT7	0.030IT7
	$B_1{}^a$		20	0.009IT5	0.013IT6	0.006IT4	0.013IT6
	B_2		90	0.015IT5	0.022IT6		
		B_3	30	0.004IT3	0.009IT5	0.006IT4	0.013IT6
		B_4	120	0.006IT3	0.015IT5	0.010IT4	0.022IT6
	B_1		20	0.009IT5	0.013IT6	0.006IT4	0.009IT5
	B_2		90	0.015IT5	0.022IT6		
		B_3	40	0.004IT3	0.011IT5	0.007IT4	0.011IT5
		B_4	130	0.008IT3	0.018IT5	0.012IT4	0.018IT5
	B_1		35	0.011IT5	0.016IT6	0.007IT4	0.011IT5
	B_2		105	0.015IT5	0.022IT6		
		B_3	40	0.004IT3	0.011IT5	0.007IT4	0.011IT5
		B_4	145	0.008IT3	0.018IT5	0.012IT4	0.018IT5
	B_1		45	0.011IT5	0.016IT6	0.007IT4	0.011IT5

续表

生长步数			公称尺寸	局部尺寸链		全局尺寸链	
0	1	2		极值法	概率法	极值法	概率法
	B_2		115	0.015IT5	0.022IT6		
		B_3	40	0.004IT3	0.011IT5	0.007IT4	0.011IT5
		B_4	155	0.008IT3	0.018IT5	0.012IT4	0.018IT5
	B_1		75	0.008IT4	0.013IT5	0.008IT4	0.013IT5
	B_2		145	0.012IT4	0.018IT5		
		B_3	40	0.0025IT2	0.007IT4	0.007IT4	0.011IT5
		B_4	185	0.007IT2	0.014IT4	0.014IT4	0.020IT5

注：[a]变量 B_1:20, 20, 35, 45, 75。

　　二维水平方向公差方案1~3如图6-7~图6-9所示，计算结果列于表6-2~表6-4。

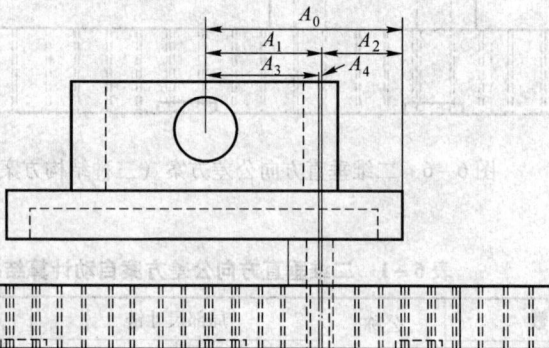

图6-7　二维水平方向公差方案1

表6-2　二维水平方向公差方案1自动计算结果

生长步数			公称尺寸	局部尺寸链		全局尺寸链	
0	1	2		极值法	概率法	极值法	概率法
A_0			120	0.035IT7	0.035IT7	0.035IT7	0.035IT7
	$A_1{}^a$		5	0.008IT6	0.008IT6	0.005IT5	0.008IT6
	A_2		115	0.022IT6	0.022IT6		
		A_3	115	0.015IT5	0.015IT5	0.015IT5	0.022IT6
		A_4	0	0.004IT5	0.004IT5	0.004IT5	0.006IT6
	A_1		15	0.011IT6	0.011IT6	0.008IT5	0.011IT6
	A_2		105	0.022IT6	0.022IT6		

续表

生长步数			公称	局部尺寸链		全局尺寸链	
0	1	2	尺寸	极值法	概率法	极值法	概率法
		A_3	105	0.015IT5	0.015IT5	0.015IT5	0.022IT6
		A_4	0	0.004IT5	0.004IT5	0.004IT5	0.006IT6
	A_1		25	0.013IT6	0.013IT6	0.009IT5	0.013IT6
	A_2		95	0.022IT6	0.022IT6		
		A_3	95	0.015IT5	0.015IT5	0.015IT5	0.022IT6
		A_4	0	0.004IT5	0.004IT5	0.004IT5	0.006IT6
	A_1		45	0.016IT6	0.016IT6	0.011IT5	0.016IT6
	A_2		75	0.019IT6	0.019IT6		
		A_3	75	0.013IT5	0.013IT5	0.013IT5	0.019IT6
		A_4	0	0.003IT5	0.004IT5	0.004IT5	0.006IT6

注:^{a}变量 A_1: 5, 15, 25, 45, 55。

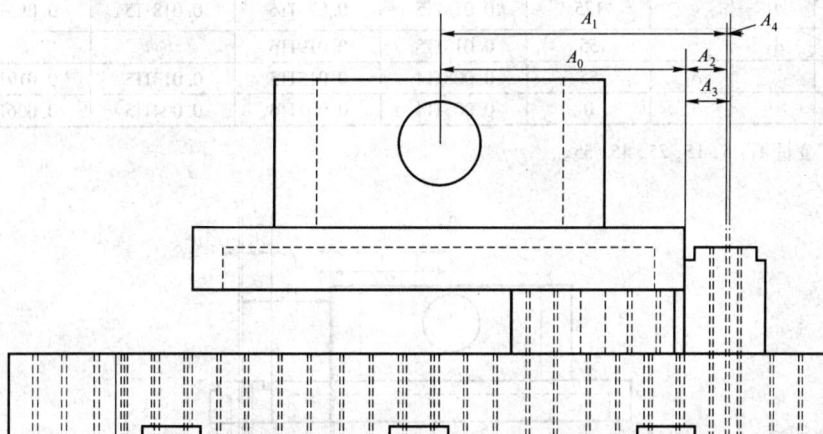

图 6 - 8 二维水平方向公差方案 2

表 6 - 3 二维水平方向公差方案 2 自动计算结果

生长步数			公称	局部尺寸链		全局尺寸链	
0	1	2	尺寸	极值法	概率法	极值法	概率法
A_0			120	0.035IT7	0.035IT7	0.035IT7	0.035IT7
	A_1		125	0.025IT6	0.025IT6	0.018IT5	0.025IT6
	A_2		5	0.008IT6	0.008IT6		
		$A_3{}^a$	5	0.004IT4	0.005IT5	0.005IT5	0.008IT6
		A_4	0	0.003IT4	0.004IT5	0.004IT5	0.006IT6

生长步数			公称	局部尺寸链		全局尺寸链	
0	1	2	尺寸	极值法	概率法	极值法	概率法
	A_1		135	0.018IT5	0.025IT6	0.018IT5	0.025IT6
	A_2		15	0.008IT5	0.011IT6		
		A_3	15	0.005IT4	0.008IT5	0.008IT5	0.011IT6
		A_4	0	0.003IT4	0.004IT5	0.004IT5	0.006IT6
	A_1		145	0.018IT5	0.025IT6	0.018IT5	0.025IT6
	A_2		25	0.009IT5	0.013IT6		
		A_3	25	0.006IT4	0.009IT5	0.009IT5	0.013IT6
		A_4	0	0.003IT4	0.004IT5	0.004IT5	0.006IT6
	A_1		165	0.018IT5	0.025IT6	0.018IT5	0.025IT6
	A_2		45	0.011IT5	0.016IT6		
		A_3	45	0.007IT4	0.011IT5	0.011IT5	0.016IT6
		A_4	0	0.003IT4	0.004IT5	0.004IT5	0.006IT6
	A_1		175	0.018IT5	0.025IT6	0.018IT5	0.025IT6
	A_2		55	0.013IT5	0.019IT6		
		A_3	55	0.008IT4	0.013IT5	0.013IT5	0.019IT6
		A_4	0	0.003IT4	0.004IT5	0.004IT5	0.006IT6

注:[a]变量A_3: 5, 15, 25, 45, 55。

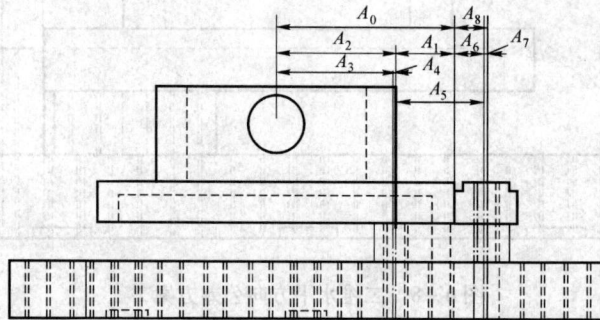

图6-9　二维水平方向公差方案3

表6-4　二维水平方向公差方案3自动计算结果

生长步数				公称	局部尺寸链		全局尺寸链	
0	1	2	3	尺寸	极值法	概率法	极值法	概率法
A_0				120	0.035IT7	0.035IT7	0.035IT7	0.035IT7
	A_1			65	0.013IT5	0.019IT6		

续表

生长步数				公称尺寸	局部尺寸链		全局尺寸链	
0	1	2	3		极值法	概率法	极值法	概率法
		A_5		70	0.008IT4	0.013IT5	0.008IT4	0.019IT6
		A_6		5	0.004IT4	0.005IT5		
			A_7	0	0.0012IT2	0.004IT4	0.003IT4	0.006IT6
			$A_8{}^a$	5	0.0015IT2	0.003IT4	0.004IT4	0.008IT6
	A_2			55	0.013IT5	0.019IT6		
		A_3		55	0.008IT4	0.013IT5	0.008IT4	0.019IT6
		A_4		0	0.003IT4	0.004IT5	0.003IT4	0.006IT6
	A_1			15	0.011IT6	0.011IT6		
		A_5		30	0.006IT4	0.006IT4	0.006IT4	0.013IT6
		A_6		15	0.005IT4	0.005IT4		
			A_7	0	0.002IT3	0.002IT3	0.003IT4	0.006IT6
			A_8	15	0.003IT3	0.003IT3	0.005IT4	0.011IT6
	A_2			105	0.022IT6	0.022IT6		
		A_3	▪	105	0.015IT5	0.015IT5	0.010IT4	0.022IT6
		A_4		0	0.004IT5	0.004IT5	0.003IT4	0.006IT6
	A_1			35	0.011IT5	0.016IT6		
		A_5		60	0.005IT4	0.013IT5	0.008IT4	0.019IT6
		A_6		25	0.004IT3	0.009IT5		
			A_7	0	0.0008IT1	0.003IT4	0.003IT4	0.006IT6
			A_8	25	0.0015IT1	0.006IT4	0.006IT4	0.013IT6
	A_2			85	0.015IT5	0.022IT6		
		A_3		85	0.010IT4	0.015IT5	0.010IT4	0.022IT6
		A_4		0	0.003IT4	0.004IT5	0.003IT4	0.006IT6
	A_1			30	0.013IT6	0.013IT6		
		A_5		75	0.005IT3	0.008IT4	0.008IT4	0.019IT6
		A_6		45	0.004IT3	0.007IT4		
			A_7	0	0.0012IT2	0.002IT3	0.003IT4	0.006IT6
			A_8	45	0.0025IT2	0.004IT3	0.007IT4	0.016IT6
	A_2			90	0.022IT6	0.022IT6		
		A_3		90	0.015IT5	0.015IT5	0.010IT4	0.022IT6
		A_4		0	0.004IT5	0.004IT5	0.003IT4	0.006IT6
	A_1			30	0.013IT6	0.013IT6		
		A_5		85	0.006IT3	0.010IT4	0.010IT4	0.015IT5
		A_6		55	0.005IT3	0.008IT4		
			A_7	0	0.0012IT2	0.002IT3	0.003IT4	0.004IT5
			A_8	55	0.003IT2	0.005IT3	0.008IT4	0.013IT5
	A_2			90	0.022IT6	0.022IT6		
		A_3		90	0.015IT5	0.015IT5	0.010IT4	0.015IT5
		A_4		0	0.004IT5	0.004IT5	0.003IT4	0.004IT5

注:^{a}变量 A_8:5,15,25,45,55。

对于每一种情况，都要考虑三个因素：尺寸公称值、公差综合方法（极值法或概率法等）和优化范围（局部或全局优化）。对于优化范围，局部和全局的比较是很明显的：全局分配减低了对公差级别的要求，使夹具更容易满足原始要求。

比较这三种概念结构可以看出：零件个数越少越好。方案 1 对底面和侧面定位只用了一个定位元件；方案 2 和方案 3 都用了两个定位元件，但是方案 3 中一个元件装在另一个元件上，而方案 2 中的两个元件相互独立。从表中数据可以看出，元件相互独立的方案 2 要好于相互关联的方案 3，即可以达到更高的精度。

6.3.2　分析仪器机械结构的设计

血液分析仪机械装置是为新型医学分析仪器配套设计的使用装置。由于没有同类专业仪器可以比较，这里把它作为创新设计工作处理。[2]

1. 功能分解和概念模型的生成

血液分析仪功能分解和概念模型的生成是在设计阶段的概念设计阶段完成的，在这个阶段的初期得到的是产品的需求分析，由需求分析推导出功能模型，功能模型经过执行件创成和传动件创成两个过程形成血液分析仪概念模型，如图 6 - 10 所示。

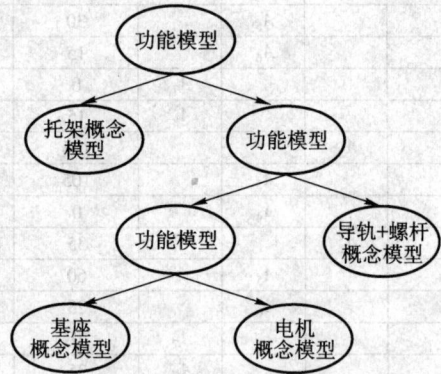

图 6 - 10　血液分析仪机械部分功能分解

2. 产品概念结构的组织与表达

血液分析仪系统采用基于分解和分类模型的面向对象的表达策略。由于血液分析仪的功能、结构比较简单，组织依据是仪器的结构特征，每一个概念零件都对应于一具体的实体零件，其概念结构如图 6 - 11 所示。实体零件库组织如图 6 - 12所示。

3. 检索装配模型

血液分析仪的概念结构方案，需要通过详细设计阶段确定其实体结构和实体装配图。我们讨论两种实现途径：一是从现有零件库中搜索，如果找到适合的现有零件，则取出使用；二是在库中找不到合适的现有零件，则要设计人员交互式修改相似零件或直接从概念零件的基础上设计出实体零件。

由于概念模型是对实体的抽象描述，其表达的信息存在不完善性，需要对概念模型的信息进行补充；另外，搜索出来的现有零件在概念结构中的装配也要补充有关信息。因此在设计中采用设计实例与设计人员相结合的方法。实例库检索方案

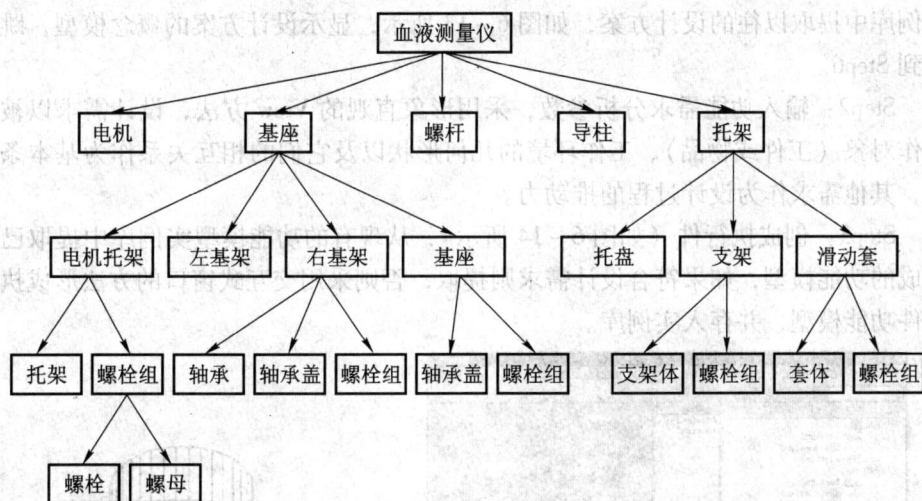

图 6 – 11　血液测量仪概念结构的组织

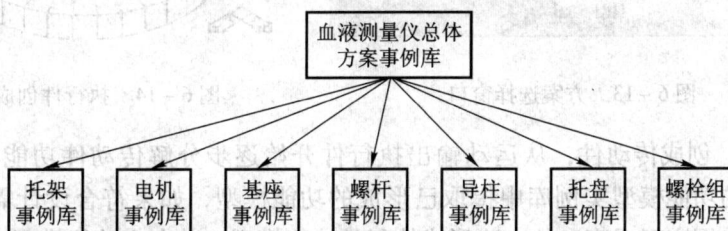

图 6 – 12　实体零件库组织

采用两种方式：当实例库存在的实例较少时，采用纵向直接层次检索方式，即用户通过概念模型确定实体后，系统采用检索逻辑表达式，按实例检索功能键，通过实例窗口显示实例队列，这种方式实现比较简单、灵活，但运行检索速度较慢；另一种方式是采用遗传算法，通过归纳性知识的推理，对不同的实例部件或零件自动进行装配尝试，进行优化组合，以减少相似实例的提取数目，同时启动实例检索模块，在实例窗口显示相似实例队列。实例提取都采用交互方式，用户在实例窗口选定目标实例，实例提取成功后，完成实例提取工作，继续装配，并返回装配信息。

4. 运行实例

下面是在 DARFAD 系统中设计血液分析仪机械结构部分的设计过程：

Step1：启动设计任务，开启一个新的设计方案，跳转到 Step2；或者从设计实例库中提取以往的设计方案，如图 6 – 13 所示，显示设计方案的概念模型，跳转到 Step6。

Step2：输入功能需求分析参数，采用形象直观的 View 方法，设计需求以被操作对象（工件或物品）、工作环境的几何形状以及它们的相互关系作为基本条件，其他需求作为设计过程的推动力。

Step3：创成执行件（如图 6 – 14 所示），从现有的功能模型实例库中提取已形成的功能模型，如果符合设计需求则提取，否则采用交互式窗口的方法形成执行件功能模型，并存入实例库。

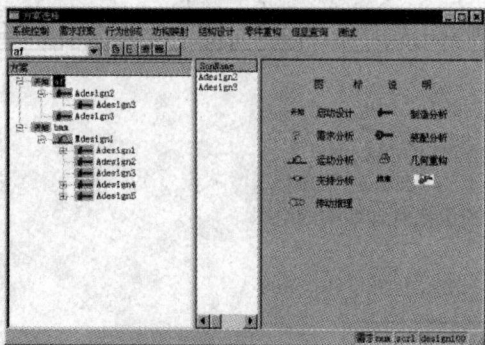

图 6 – 13　方案选择窗口

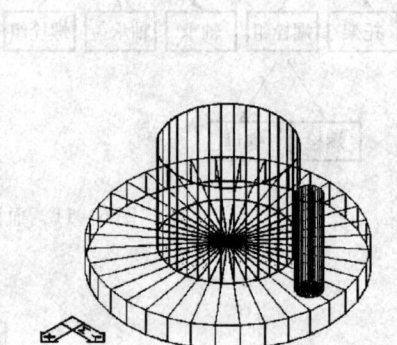

图 6 – 14　执行件创成

Step4：创成传动件，从运动输出执行件开始逐步分解传动件功能模型块，并从现有的功能模型实例库中提取已形成的功能模型，如果符合设计需求则提取，否则采用交互式窗口的方法形成执行件功能模型，并存入功能模型实例库。

Step5：重复 Step4，直到功能模型分解到输入部件结束，形成完整的 Part – Net 装配网络模型图，并显示完整的概念模型（如图 6 – 15 所示）。

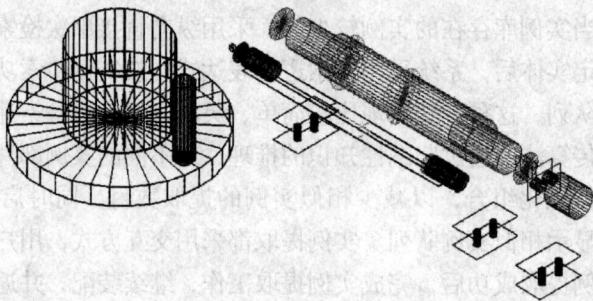

图 6 – 15　传动件创成

　　Step6：交互式提取功能概念零件，系统将概念模型提取的功能表面按性质划分为使定表面和定位表面，并按照功能表面的类型对分类编码进行排序集。

　　Step7：系统根据功能表面的分类编码对实例库进行检索，若检索出有完全相似的实体零件则跳转 Step10，否则进入 Step8。

　　Step11：将选定的零件添加到装配视图，同时将概念模型的装配信息复制到实体零件，将实体零件的结构参数复制到概念模型。

　　Step12：如果提取的实体零件与已存在的实体零件在 Part – Net 装配模型中存在装配关系，则系统自动实现装配功能。实现的部分零件装配图如图 6 – 16 所示。

图 6 – 16　部分零件装配图

　　Step13：重复 Step6 直到提取实体结束。

　　Step14：最后生成完整的装配图，如图 6 – 17 所示。

　　Step15：保存设计方案。

　　Step16：系统退出。

图 6 – 17　装配图的生成

思 考 题

　　1. 使用 DARFAD 软件进行创新设计过程一般要经过哪些步骤? 如何缩短创新开发过程?

　　2. 使用 DARFAD 软件存在的主要困难是什么? 如何克服?

　　3. 在生长型设计过程中, 是否每个零件功能越简单 (同时零件个数越多) 越好? 有什么限制条件? 举例说明。

　　4. 产品公差的限制与产品功能设计中的哪些因素相关? 公差限制与零件个数有无关系? 如何分析?

　　5. 概念设计过程中产品公差只与零件形状和产品方案有关。这句话正确吗? 为什么?

　　6. 考虑日常用品中的某一类物品, 试通过生长型设计把你所知道的该类中的不同产品归入设计过程中出现的不同方案中。

　　7. 对于生成的不同产品方案, 可以搜索现有零件库匹配合适的零件。试分析匹配可能出现的各种情况及利用的价值和可行性。

　　8. 在设计椅子的过程中, 有无可能匹配利用桌子零件库中的零件?

　　9. 应用 DARFAD 软件完成简单产品 (例如虎钳) 一种方案的设计, 然后交互式设计出每个零件的形状。

参 考 文 献

[1] 黄克正. 功能表面分解重构原理及应用. "863" 计划项目研究报告. 济南: 山东工业大学, 1998.

[2] 李沛刚. 基于实例推理的设计自动化应用及研究 [D]. 济南: 山东大学, 2000. 12.

[3] 杨波, 戾向博, 黄克正, 王炎. 基于产品基因分解重构的生长型设计. 中国机械工程. 2005, 16 (9).

[4] Yandong Wang, Kezheng Huang. A new conceptual design approach based on LORD. The 6th Int. Conf. on CAID&CD' 2005. Netherland, 2005. 5 - 6.

[5] 陈洪武, 黄克正, 杨波. 基于功能表面的产品结构设计自动化研究与实现. 机械设计与研究, 2004, 20 (3): 24 - 27.

[6] 刘怡, 黄克正, 刘和山. 基于产品基因进化的结构设计自动化. 机械科学与技术. 2004, 23 (7): 813 - 815.

第7章 基于产品逆向工程的公差自动设计

已知产品的逆向求解为传统设计方法所设计出来的产品建立了较为完整的产品信息模型，包括概念设计阶段的产品概念结构及其设计过程；这就为利用计算机技术检验产品设计结果的有效性、检查设计过程中没有经过严格设计计算的内容奠定了基础，在某种意义上是把传统设计的工作与最新设计理论和设计工具系统有机联系到了一起。本章讨论的基于 PRE 的公差自动设计，就是这种情况的典型事例。

7.1 概　　述

按照传统的公差设计方式，往往只是在零部件设计阶段根据公差与配合标准被动地分配公差，很少考虑到产品的可加工性和可装配性等方面的要求，因此常常会出现加工工艺能力和装配工艺能力不能满足设计公差要求的情况，以致不得不反复多次进行公差设计和工艺规划，从而造成产品开发周期长、成本高的情况。有些时候为了简化，设计人员仅凭经验演算重要结构部分，遇到问题时只好修修补补，既延误了产品上市时机，又为产品性能留下了隐患。

公差进化设计首先解决的是数字化产品模型中公差的表示问题，建立与其紧密集成的公差分解重构模型，作为公差设计的基础。同时，通过将产品的功能要求分解成对相关尺寸和公差变动的约束，实现面向功能的设计。在公差进化设计过程中要判定公差是否能够满足产品的功能、成本、可制造性、可装配性的要求，并根据功能、成本和工艺约束来确定零部件的公差，从而解决产品的功能要求与制造成本之间的矛盾。公差进化设计具有以下特点：

1. 面向功能

面向功能要求是指在进行公差设计时，首先从产品的功能要求出发来确定零部件的公差，从而在保证功能要求的前提下实现成本的优化。由于将功能要求转化为尺寸/公差约束的量化存在很大难度，因而过去这方面的研究工作开展得并不多，而公差进化设计的几何分析技术将研究如何把产品的功能要求转化成对零部件之间的几何关系的约束，并最终表达为对功能尺寸的约束，从而建立功能要求与尺寸/公差之间的数学关系，以作为进行公差设计的基本依据。

2. 面向制造和面向装配

产品的公差方案不仅取决于产品的功能和成本，也要受到加工能力和装配能力的约束，因此在进行公差设计时除了要考虑产品的功能和成本之外，还要综合考虑产品的可加工性和可装配性方面的要求。由于在产品设计阶段中已经尽早考虑后续阶段（如加工、装配等）对公差设计的约束，从而可以减少由于在设计后期发现错误而导致的多次重复返工，有利于面向加工和面向装配的实现。

3. 集成性

公差进化设计的集成性是指公差设计模型与产品模型的集成，也可以指公差设计与 CAD、CAPP、CAM 的集成。以往的公差分析与设计往往脱离于产品建模而单独进行，而公差进化设计则直接在产品的数字化模型上实现公差的表示，并建立紧密集成的公差链模型。同时，公差设计作为联系设计过程与加工过程、装配过程的纽带，是 CAD/CAPP/CAM 集成中不可或缺的一部分。

完整的公差进化设计系统是将计算机辅助公差进化设计建立在产品不断进化、不断完善的产品原型的基础上，从产品结构直接生成功能方程，自动生成尺寸链；然后，用最优化方法对尺寸公差进行分析，使装配公差能够合理分配，从而降低装配成本。以此建立了设计和制造之间的直接关系，公差进化设计模块既能完善 CAD 功能，又是工艺决策和后续制造的有力支持工具。

7.2　原始精度需求的确定

现有产品的设计过程逆向求解，为已有产品建立了较为完整的产品信息模型：产品概念结构及其设计过程。这就为进化公差设计计算奠定了坚实的基础。下面就从产品的原型开始讨论产品精度需求以及后续的公差进化设计问题。

产品的需求分为定性需求和定量需求。定性需求是指产品那些不能直接度量的属性，例如"抗腐性"、"抗热性"、"最廉的部件价格"或类似"审美"和"美观"的属性。定量需求是指产品那些可以直接度量的属性，如产品的某些值范围。

产品设计是从功能设计开始的。采用产品功能模型的一个目的就是记录几何形状设计之前的产品的功能需求信息。

从功能需求到产品原始模型的过渡要通过一定的介质，我们采用功能作用的功能表面来表示产品原始模型。这些功能表面既要包含实现功能需求的一些几何结构信息，又要包括实现原始精度需求的精度信息。这些精度需求即定量需求。产品原型中这些非几何信息的加入必将极大地提高分析模型从设计模型中的衍生能力。

根据第 2 章介绍的 LORD 原理，任何产品都可以建立形象化的产品原始需求和产品概念结构原型，例如活塞夹具原型[1]（见图 2 - 19）。产品原始精度需求可以标注在产品原型上，有的标注在单个功能表面上，如圆柱面，有的则标注在成对的功能表面上。标注在两个表面之间的精度公差要求是设计过程中要重点考虑的问题。

这种原始精度需求在夹具设计中非常直观。通常我们所讲的：夹具精度通常取工件相应精度的 1/2 ~ 1/5，即指夹具的原始精度需求。

7.3　基于概念结构生长过程的公差链自动生成技术

这里介绍一种尺寸链自动生成方法。[2]产品概念结构生长过程中公差链的生成依赖于零件功能表面之间的配合信息和零件内部的尺寸信息的表达和存储。这些信息都统一表达和存储在产品数据库里。其出发点是在结构创成设计过程中，利用和搜索原有产品数据库，从原产品模型中取出装配体之间的装配约束信息，通过对装配约束信息的分析得到具体装配的功能表面的信息，根据不同的配合约束关系从创成的结构功能表面中取出不同的尺寸信息，并通过搜索算法搜索出封闭的装配尺寸链。

在三维概念结构进化设计软件之中，每个零件都有大量的尺寸信息，这点随着设计进一步进行、产品的复杂程度增加而体现得更加明显，但这些尺寸信息中的大部分对于生成尺寸链是不需要的。依据功能模式类型对这些尺寸进行定向获取，可以减少冗余尺寸信息的获得，有利于尺寸链的正确生成。尺寸链的生成包括两部分工作：封闭环的自动确定、组成环的自动查找。

7.3.1　基于精度需求的封闭环的确定

封闭环是由尺寸链其他环尺寸间接形成的最终环，如按照产品性能要求、工艺要求和检验要求需要而确定的某尺寸的变化范围。在一个尺寸链中只有一个封闭环，其余都是组成环。在这里最终封闭环是产品原型中的原始精度要求，而设计过程中暂时封闭环则是上一步骤中已存在的精度要求。如图 7 - 1 所示，VFF 是被分解面，分解之前 VFF 面与基准面 Datum1 具有精度要求 $A \pm \Delta A$，$A \pm \Delta A$ 即该步结构设计之后要保证的封闭环。

尺寸链的组成环是参与装配的原始尺寸，它们中任一环的变动将引起封闭环的变动。在基于功能表面分解重构原理一步步创成产品结构的时候，产品方案的逐步形成是通过预先定义的功能模式。根据选择的模式及精度敏感方向，搜索产品数据库，对其计算、分析、判断逐步得到尺寸链的各个环节的组成，可以自动生成每一步尺寸链以及全局尺寸链。下面以图 7 - 1 中的结构创成为例来说明其 Z 向尺寸链的组成。

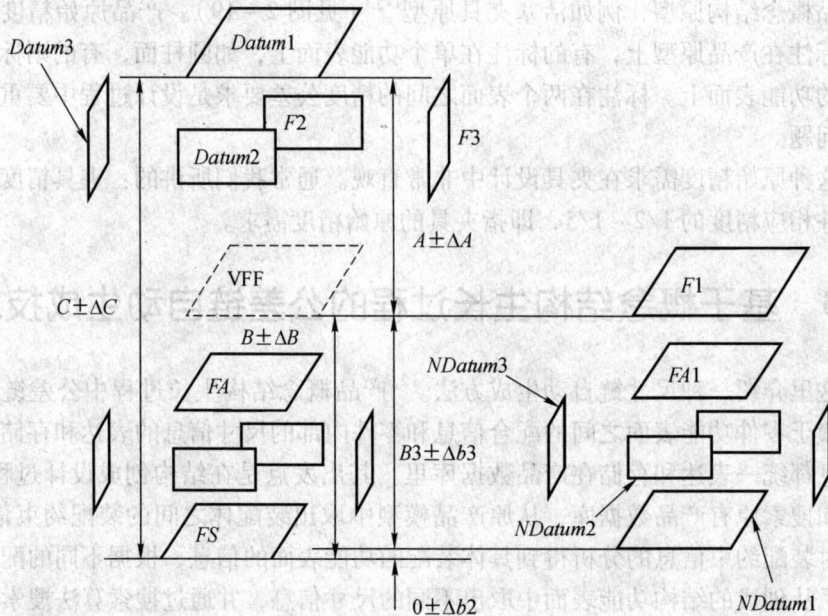

图 7 - 1 概念结构及其尺寸链创成

在 Z 向，$A \pm \Delta A$ 是要保证的上层功能尺寸，面 $F1$ 被分解出来形成新的零件 $NPart$，在 $NPart$ 中 $F1$ 的 Z 向定位尺寸为 $B3 \pm \Delta b3$，与 $NPart$ 中基准面 $NDatum1$ 相对应的 $MPart$ 中的使定面 FS 的定位尺寸为 $C \pm \Delta C$。

在 $MPart$ 中引入中间虚拟装配面 VFF，它与 FS 的距离为 $B \pm \Delta B$，是 $NPart$ 与 $MPart$ 的装配联系尺寸，该尺寸与 $F1$ 的 Z 向定位尺寸 $B3 \pm \Delta b3$ 之间具有装配间隙 $0 \pm \Delta b2$。由此 Z 向形成两个尺寸链，将原始 Z 向精度通过装配关系传递下来。

被分解表面 VFF 具有精度要求 $A \pm \Delta A$，新生成零件中被分解出来的面 $F1$ 与其基准面（$NDatum1$）之间为一组成环（$B3 \pm \Delta b3$）；在被分解零件中基准面 $NDatum1$ 的使定面 FS 与其基准面 $Datum1$ 形成组成环（$C1 \pm \Delta C1$）。

如果新生成零件与原零件以面 $NDatum1$ 以及面 FS 装配，则形成三环尺寸链，封闭环为 A，组成环为 $B1$ 和 $C1$。

完成尺寸链的搜索之后，就可以直接得到设计函数。生成方法是：等式的左边为封闭环，右边为组成环，在每个组成环前面加上表示其增减性的正负号。此处设计函数为：

$$a = c - b3 \qquad (7-1)$$

如果新生成零件与原零件以面 FA 以及面 $FA1$ 装配，则形成一个新的组成环 $\Delta b2$，即 $FA - FS$ 与 $FA1 - NDatum1$ 的装配间隙，这时形成四环尺寸链。由间隙值 $\Delta b2$ 确定 $FA - FS$ 与 $FA1 - NDatum1$ 的偏差。此时，设计函数为：

$$a = c - b3 - b2 \qquad (7-2)$$

7.3.2　局部尺寸链

在结构进化设计过程中，只有在结构分解重构的每一步都保证分解前的精度需求，才能保证新创成结构的精度水平满足原始精度需求。所以，每一次生成新的零件，如图 7-1 所示，都要经过判断、检索，以被分解面的精度要求为封闭环，根据功能模式，查找各组成环，生成功能方程。

7.3.3　全局尺寸链

前面讨论的是在结构生成的每一步、在上一层结构和最新层结构之间产生的局部尺寸链。在解算局部尺寸链之后，可能新的组成环分配到的公差已经很小，不能满足经济性加工原则，此时就要进行设计历史回溯、产生全局尺寸链，进行全局优化，如图 7-2 所示。

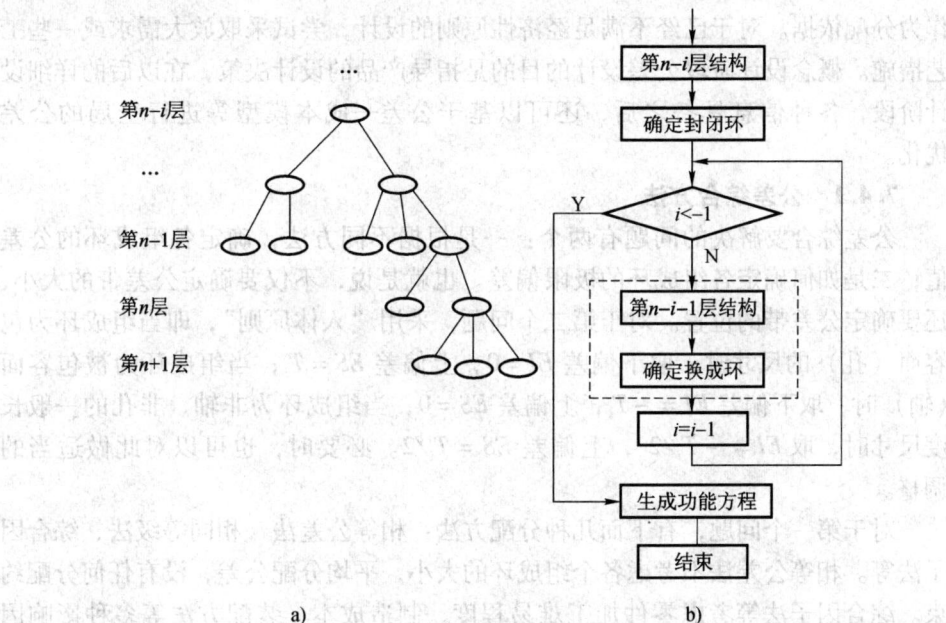

图 7-2　全局尺寸链的生成

a）结构进化过程；b）全局尺寸链生成过程

基于概念结构设计阶段的版本管理技术，在设计过程中我们可以进行设计历史的回溯，建立任意层的全局尺寸链。由于搜索组成环的时候，在敏感方向可能有几条可行的尺寸，为了保证搜索结果的完备性，采用的搜索算法是在敏感方向上首先宽度优先、然后深度优先的搜索算法。

从宏观上来看，产品的设计过程应该是自顶向下的。但是，从并行的角度来看，或从微观上来看，设计以及制造等后续工作制约着前期设计结果，比如可加工性、可装配性、易检测性、经济性等。所以，绝对地采用自顶向下设计策略有时不能得到最优化的结果。在这里，通过设计历史回溯、公差全局优化技术可以基于总体自顶向下、局部自下向上的策略实现设计、优化的并行处理。

7.4 公差综合与优化

生成尺寸链之后，下一步的工作是公差综合，即公差分配。概念结构设计进化过程中，在结构设计的每一步随之进行公差分配。公差分配包括单步公差分配以及回溯全局优化分配。设计阶段，产品方案是由一组功能表面构成的，各种信息还有待进一步完善。在此，我们采用相同等级法进行公差分配，以经济性加工作为分配依据。对于已经不满足经济性原则的设计，尝试采取放大需求或一些工艺措施。概念设计阶段公差设计的目的是指导产品的设计决策，在以后的详细设计阶段，各种信息具备之后，还可以基于公差—成本模型等进行全局的公差优化。

7.4.1 公差综合方法

公差综合要解决的问题有两个：一是根据不同方法，确定各组成环的公差值；二是如何确定各组成环的极限偏差。也就是说，不仅要确定公差带的大小，还要确定公差带的位置。对于第二个问题，采用"入体原则"，即当组成环为包容面（孔）的尺寸时，取下偏差 $EI = 0$，上偏差 $ES = T_i$；当组成环为被包容面（轴）时，取下偏差 $EI = -T_i$，上偏差 $ES = 0$；当组成环为非轴、非孔的一般长度尺寸时，取 $EI = -T_i/2$，上偏差 $ES = T_i/2$。必要时，也可以对此做适当的调整。

对于第一个问题，有下面几种分配方法：相等公差法、相同等级法、综合因子法等。相等公差法不考虑各个组成环的大小，平均分配公差，没有任何分配约束。综合因子法等考虑零件加工难易程度、制造成本、装配方法等多种影响因素，有希望达到分配结果最优化。但是，在概念结构设计阶段，很多信息还有待在后续工作中慢慢补充，结构方案还处在进化、不定型的阶段，不可能，也不必要像详细阶段一样通过具有复杂约束的优化算法得出最后的公差方案。所以，我们认为相同等级法比较适用于概念结构设计阶段的公差分配，其目的是在初始设计阶段提供设计方案的评价决策依据。

尺寸链的基本关系式有两种：极值法和概率法。

1. 极值法

在极端情况下（小概率事件），所有增环尺寸可能均为最大极限尺寸，所有减环可能均为最小极限尺寸，则此时封闭环为最大极限尺寸；反之，所有增环尺寸可能均为最小极限尺寸，所有减环尺寸可能均为最大极限尺寸，此时封闭环为最小极限尺寸。

$$T_{\sum 0} = x_{\sum \max} - x_{\sum \min}$$

$$= \left(\sum_{i=1}^{m} |A_i| x_{i\max} - \sum_{j=1}^{n-m} |A_j| x_{j\min} \right) - \left(\sum_{i=1}^{m} |A_i| x_{i\min} - \sum_{j=1}^{n-m} |A_j| x_{j\max} \right)$$

$$= \sum_{i=1}^{n} |A_i| T_i \tag{7-3}$$

式中　　m——增环个数；

　　　　$x_{i\max}$——第 i 个增环的最大极限尺寸；

　　　　$x_{i\min}$——第 i 个增环的最小极限尺寸；

　　　　$x_{j\max}$——第 j 个减环的最大极限尺寸；

　　　　$x_{j\min}$——第 j 个减环的最小极限尺寸。

极值法的特点是以保证完全互换为出发点，每个组成环公差都取其极值，从而使所有零件都能在装配中满足要求，而不考虑各组成环尺寸分布特性的影响。因此计算简便，互换性为100%，但是封闭环公差比尺寸链中的任何一个组成环公差都大，也即封闭环精度最低。一般在生产批量不大的场合（例如单件生产，小批生产，中批生产）或尺寸链较少时，用该法解尺寸链较适合，且比较可靠。

2. 概率统计法

用概率法计算尺寸链，能使组成环的公差变大，即各组成环的精度可降低，所以，它给加工带来方便。但从概率论的观点来看，不可能绝对可靠，若正态分布取 $\pm 3Q$，共有 0.27% 废品率。概率法计算尺寸链适用于生产批量较大或公差环较多的场合。由于各组成环的尺寸在装配中是随机提取的，而封闭环受组成环影响，因此封闭环的尺寸也带有随机性，且其取决于影响该封闭环的所有组成环的概率特性及其传递系数。封闭环公差与各组成环公差的关系为：

$$T_0 = \frac{1}{K_0} \sqrt{\sum_{i=1}^{n} K_i^2 \gamma_i^2 T_i^2} \qquad (7-4)$$

式中　γ_i——置信系数；

　　　　K_0——封闭环的相对分布系数；

　　　　K_i——组成环的相对分布系数。

7.4.2　公差全局优化

概念结构设计阶段的公差设计目的是在设计过程中直接优化保证原始精度需求，所以不但每一步要保证上一步的要求，还要在每一步可以实现全局回溯，在整个过程中对每一精度需求实现在敏感方向重新分配，达到全体最优。如图 7-3 所示，在进行第 n 层结构设计同时进行公差分配，保证 $n-1$ 层的精度要求。在第 n 层设计之后进行分析评价，评价结果如果是某项公差要求太紧，则回溯到第 $n-1$ 层，重新分配第 $n-2$ 层的精度要求，以此类推。

公差优化分配的过程首先是采用宽度优先的策略，比如在图 7-3 中，在第 2 层进行结构分解重构之后，精度也分解为第 3 层两结构的精度；如果经过评价第 3 层某零件公差要求不易加工，需要放宽公差，则进行深度方向重新分配。所以将第 1 层精度重新分配、评价，一直可以回溯到顶层，即将原型精度重新分配，最终可以在所有的叶结点之间统筹分配。

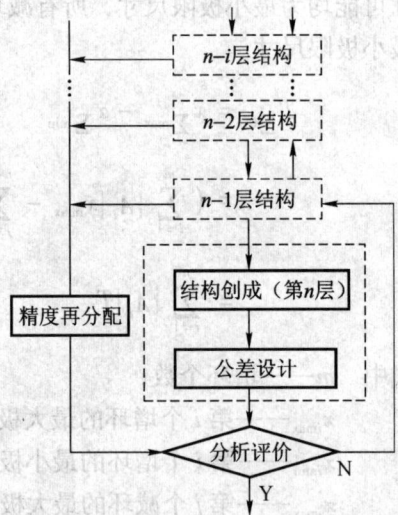

图 7-3　整体信息传递与整体优化

7.4.3　分组选配法

分组选配法：将零件公差放大以便于经济、方便加工，先分组然后按对应组装配，以保证上层精度要求，降低加工要求，但是这种方法增加测量分组及其相应工作，适用于环数少的成批或大批生产中。

分组选配法要求两零件配合相同，公差同方向增大，增大倍数等于分组数。不满足该条件，还可以选择直接选配法：

（1）将组成环公差相对于互换法增大若干倍，以便经济加工。

（2）不需先测量分组，而在装配中直接选择。

（3）用于批量不大、节拍要求不严的场合。

7.5　公差设计应用实例

本节以活塞半精镗工序夹具为例，对公差自动设计功能进行介绍。为了简化问题，采用的结构模式都为完全约束。

为了简化计算，在尺寸公差中做了部分简化处理。局部公差设计实现步骤如下：

(1) 分析被分解表面精度要求，确定封闭环。

(2) 结构进化之后进行功能表面敏感性分析，确定敏感方向。

(3) 按照敏感方向搜索新生成零件和上层零件确定组成环，生成尺寸链。

(4) 通过相同公差等级法求解尺寸链，如果出现超出经济加工精度的情况，用户可以选择全局优化、结构重新生长或者其他措施。

全局尺寸链的生成也依赖于零件功能表面之间的配合信息和零件内部的尺寸信息的表达和存储，通过循环地寻找定位表面——使定表面、基准表面——目标表面，最终寻找到带有原始尺寸需求的两个功能表面，从而生成全局尺寸链。

7.5.1　产品功能需求分析

活塞是发动机中一个很重要的零件，在工厂的实际加工过程中，有其独特的加工工艺。生产中，活塞加工多为批量加工，因此，对其夹具无论从材料上，还是从装夹方法上都有较高的要求。既要保证夹具的耐用性，又要实现活塞的准确定位、快速、简捷夹紧，并满足加工精度要求。

待加工面销孔有多项技术要求，比如圆柱度、粗糙度、直径公差、销孔轴线与底部外圆轴线的对称度等。圆柱度、粗糙度、直径公差主要由刀具保证，销孔直径公差为 0.1mm，已经不能满足对称度 0.1mm 的要求，所以通过工艺上采取自动定心夹具，使定位误差最小以保证对称度为 0.1mm。由于篇幅所限，这里只讨论影响压缩比的尺寸（130 ± 0.05）mm，即自销孔轴线到活塞底面的尺寸精度保证问题。由于对底面和小孔进行定位的零件置于同一个基础件上，夹具原型的精度采用 130 ± 0.022。公差输入对话框[3],[4] 如图 7-4 所示。

7.5.2　公差设计过程

根据以上提出的产品功能需求和活塞半精镗夹具的逆向求解的概念结构设计过程模型，进行同步的公差设计。

1. 产品原型精度要求

根据夹具功能需求，在夹具原型上选取相应的功能表面，从公差信息输入界面按设计要求输入公差要求（如图 7-5 所示）。公差信息取工件的 1/2，为

$130^{+0.022}_{-0.022}$ mm。

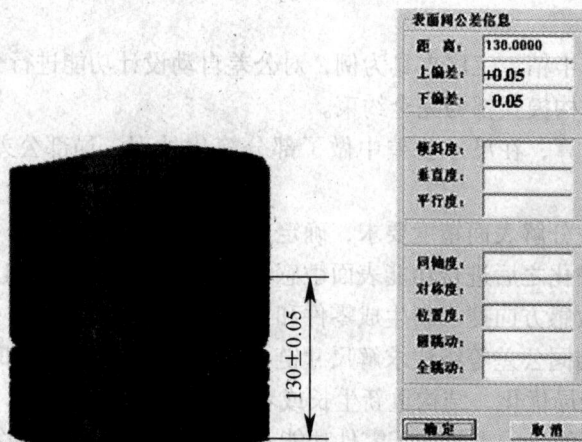

图 7 - 4   工件模型与公差输入对话框

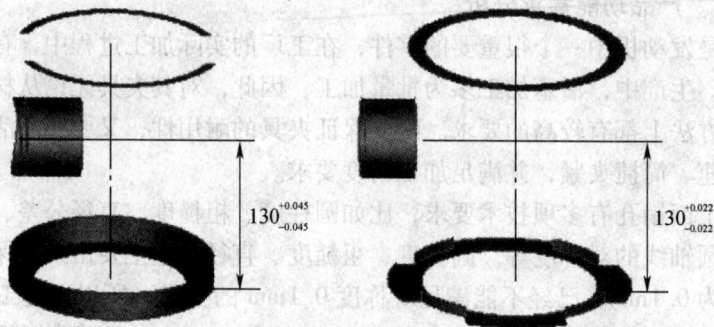

图 7 - 5   活塞夹具原型

2. 定位盘公差设计

从夹具原型分解出短圆柱定位面和底面定位面,选择两圆柱两端面定位模式重构成新零件(定位盘),如图 7 - 6 所示。

在这个局部尺寸链中,$A + \Delta A$ 为必须保证的上层要求,$B + \Delta B$ 为底面定位面到其敏感方向基准的尺寸及精度,$C + \Delta C$ 为夹具体上使定面与定位销轴线的尺寸与精度。

这里 $A + \Delta A$ 取 (130 ± 0.022) mm。此步的概率法计算结果为:

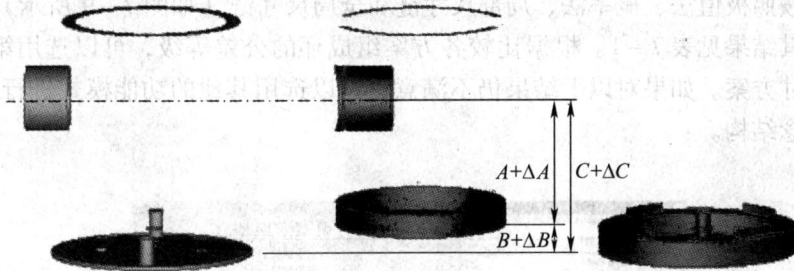

图 7 - 6   定位盘

$B = 20\mathrm{mm}$，精度等级为 IT6，该尺寸为 $20^{+0.0065}_{-0.0065}\mathrm{mm}$；

$C = 150\mathrm{mm}$，精度等级为 IT6，该尺寸为 $150^{+0.0125}_{-0.0125}\mathrm{mm}$。

3. 底座公差设计

将图 7 - 6 中的定位盘的使定面分解，选用两柱面两端面模式重构成新零件（底座），如图 7 - 7 所示。其中在这个局部尺寸链中，$C + \Delta C$ 为必须保证的上层要求，$D + \Delta D$ 为底面定位面到其敏感方向基准的尺寸及精度，$E + \Delta E$ 为其使定面与定位销轴线的尺寸与精度。

概率法的计算结果为：

$D = 20\mathrm{mm}$，精度等级为 IT5，该尺寸为 $20^{+0.0045}_{-0.0045}\mathrm{mm}$；

$E = 170\mathrm{mm}$，精度等级为 IT5，该尺寸为 $170^{+0.009}_{-0.009}\mathrm{mm}$，超出了本书规定的经济性加工等级（IT5）。

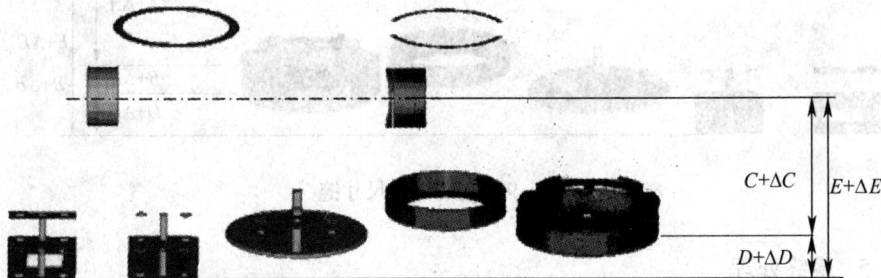

图 7 - 7   创成底座

4. 优化处理

由于生长型设计进行两步后，已经无法满足经济性加工要求，可以从设计方案树（如图 7-8 所示）中返回到设计的上一步或者更早，这里对不同尺寸的概念方案按照极值法、概率法、局部尺寸链和全局尺寸链（如图 7-9 所示）进行计算，其结果见表 7-1。根据比较各方案组成环的公差等级，可以选用第一种基本尺寸方案。如果对以上结果仍不满意，可以选用其他的功能模式进行生长，改变概念结构。

图 7-8　版本形式的设计方案树

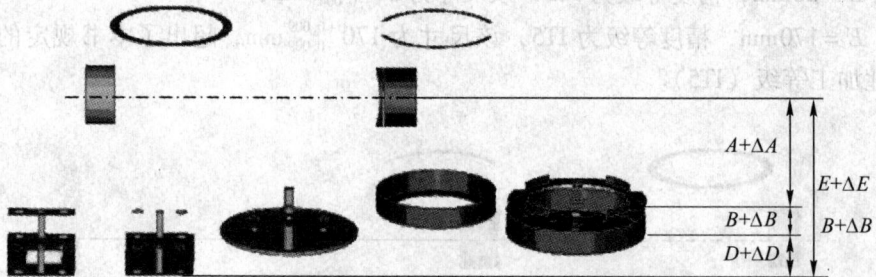

图 7-9　全局优化尺寸链

5. 最终处理

继续完成后面的结构生长与公差验算：将销孔处的小圆柱面拆出，选择直线导轨模式生成销轴。将夹具原型中的上表面拆出，选择螺旋导轨模式生成压块。经过相应的公差分析保证了概念结构方案的可实现性与经济性。

表 7-1　多种方案的公差计算结果

生长步数			公称尺寸	局部尺寸链		全局尺寸链	
0	1	2		极值法	概率法	极值法	概率法
A			130	0.044	0.044	0.044	0.044
	B		10	0.009IT6	0.015IT7	0.009IT6	0.009IT6
	C		140	0.025IT6	0.040IT7		
		D	10	0.006IT5	0.009IT6	0.009IT6	0.009IT6
		E	150	0.018IT5	0.025IT6	0.025IT6	0.025IT6
	B		20	0.013IT6	0.013IT6	0.009IT5	0.013IT6
	C		150	0.025IT6	0.025IT6		
		D	20	0.006IT4	0.009IT5	0.009IT5	0.013IT6
		E	170	0.012IT4	0.018IT5	0.018IT5	0.025IT6
	B		55	0.013IT5	0.019IT6	0.008IT4	0.019IT6
	C		185	0.020IT5	0.029IT6		
		D	55	0.005IT3	0.013IT5	0.008IT4	0.019IT6
		E	240	0.010IT3	0.020IT5	0.014IT4	0.029IT6

思　考　题

1. 对于原始精度要求不高或无所谓的情况下，例如椅子的高度出现误差不影响椅子的功能，是不是在该产品的设计过程中就可以不用考虑和计算零件公差了？或者说只需考虑相互配合的零件装配尺寸就可以了？

2. 根据全局尺寸链分析，为了提高产品方案的精度或降低制造成本，如何选择结构进化树的宽度和深度？

3. 比较公差综合方法中的极植法和概率法的优缺点以及各自适合的场合。

4. 设计组装一套组合夹具，用以加工一个箱体零件。试考虑三个设计方案，并用 DARFAD 系统进行同步公差设计计算，然后优选一种方案。

参 考 文 献

[1] 杨志宏，黄克正. 夹具原始概念模型的创建方法研究. 机械科学与技术，2003（6）.

[2] 杨志宏，黄克正. 概念结构设计过程中的公差进化设计模型及算法. 中国机械工程，2004（8）.

[3] 孟庆波. 基于概念结构生长型设计的公差设计技术研究 [D]. 济南：山东大学，2006.

[4] 张勇，黄克正，高常青，杨志宏. 基于生长型设计的公差研究. 机械工程学报，2006，

42（增）：143 – 147.

［5］王卫国，黄克正，等．产品反求中基于功能表面的精度模型及应用．计算机辅助设计与图形学学报，2007（8）．

［6］Kezheng Huang, et al. Synchronized tolerancing in growth design, Proc. IMechE Vol. 221 Part B：J. Engineering Manufacture，2007：pp. 1451 – 1465.

［7］张勇，黄克正，王卫国，孟庆波．结构与公差同步设计的产品概念设计优化．计算机集成制造系统，2006.3.

第8章　PRE综合应用实例

逆向工程是一个国家技术创新的有效途径。事实证明，引进、模仿、创新、再引进、再模仿、再创新是一个国家技术进步的基本规律。在当今产品多元化的状况下，利用逆向工程技术寻求同类产品的设计原型，分析其功能与需求原型，进而创造出新的更加符合要求的产品，这是一个必要和必然的过程。因此，建立一套有效的方法来进行模型重构和产品创新设计是逆向工程的研究重点。

在高等教育中，设计是工程创新教育的重要课程，工程教育中已有多种相关课程。然而现有教学的高度抽象性和专业分类，使学生得不到适当的观察、反省和逐步深入的设计经历。本书的目的之一就在于紧密配合当前国内外工程创新教育改革实践，满足工程教育领域广大师生的迫切需要，加速创新人才的培养和提高实际工程技术人员的素质。

在前面章节中，介绍了现有反求技术和理论的基础，论述了产品逆向工程的新概念与理论框架、技术上可操作的机械结构设计过程逆向求解，以及相应的软件系统PreD。本章将进一步讨论产品逆向工程应用问题，并重点用翔实的设计实例介绍产品逆向工程的应用。

8.1　工程设计知识库建立

人类文明的发展积累了大量的知识和经验，然而，这些知识的搜集、理解、消化和使用受到很多因素的制约，缺乏可操作的、可自动重用的工程设计知识库，特别是概念设计阶段的知识库，是主要原因之一。

下面介绍根据本书理论和技术建立产品实例库的一般工作流程。

8.1.1　查找实例资料（包括实物、照片、工程图纸）

查找实例资料的顺序如下：

（1）对于实物，需要拆卸，测量，绘图；拆卸时，记录拆卸顺序。

（2）对于照片，需要确定基准尺寸，然后测量图片尺寸，并按比例转化成实际尺寸，绘制工程图纸。

（3）对于工程图纸，若有完整的零件和装配图，则可直接进行下一步；若只有装配图，则需要测量图纸尺寸，并按比例转化成实际尺寸，绘制零件图纸。

注意：工件作为产品的基本基因信息来源，是产品的重要组成部分，常常作为第一个零件存在；如果缺少工件信息，则需要补充；利用产品设计常识确定一个典型工件，并明确具体信息数值。

8.1.2　三维造型

三维造型的流程如下：

（1）选择熟悉的造型软件，例如 Pro/E（能够转换成 .sat 格式）。

（2）按照（1）所得到的实例资料进行三维造型。

（3）分析装配顺序，确定拆卸爆炸图。

（4）转化成 .sat 格式，输出给 PreD 系统。

8.1.3　设计知识理解

1. 产品需求分析

工件或产品操作对象确定；多数产品资料里缺乏工件详细信息，这时需要确定一个典型工件，并明确具体信息。

工件的变化情况：例如切削加工的工件毛坯和操作后的最终工件形状，机器人和自动线操作时的初始位置、中间位置和最终位置；

工件材料等机械性能、电气特性和化学性质等。

2. 产品工作过程分析

为了简化结构使用功能分析，可以采用结构组合方法。把静态装配在一起，使用过程中无相对运动的零件，组合在一起，作为一个零件看待。注意：在考虑零件可加工性和产品可装配性问题时，这些零件还是要分开考虑。

根据工件的变化过程，找出相应的结构联系、能量链以及信息传递链，明确各个典型的产品工作状态（例如，［夹具］夹紧前、后；［热水器］进水、加热、出热水；［机器人］开始状态、前进、加紧、移动、放下、退回等）。

3. 产品结构分析

在每个状态下，分析所有结构零件是如何广义定位的。按照广义定位原理分析结构关系，形成明确的定位 = 使定→定位 = 使定……的结构联系，顺序找出形成特定能量和信息的链条。

8.1.4　PreD 中概念结构建立：

（1）读入 .sat 格式的实体造型文件。

（2）选定工件：如果产品装配造型中没有零件，可以指定和工件接触的表面。

（3）静态装配结构简化。

在使用过程中，这些静态装配结构如同一个零件，在使用功能上可以认为是一个零件，共同起到广义定位和使定的功能。为了简化概念结构，可以采用以下方法简化：在三维实体模型状态下，采用布尔运算，使两个以上的零件实体融合为一个实体。这种方法还有零件局部复杂结构的简化造型优点，例如，螺纹可以省去不用造型。

（4）建立基于功能表面的产品概念结构模型。系统提供两种建模方式：

①自动搜索：全自动完成所有零件功能表面的提取，并组成完整的产品概念结构模型。

②交互式建立功能表面关系：针对复杂结构情况下、自动搜索不能正确完成建模任务的情形，交互式完成概念结构模型。

（5）存储 . pre 格式概念结构文件。选择存储功能菜单，将得到的产品概念结构存储为 . pre 格式文件。

8.1.5　PreD 中逆向过程求解：

PreD 系统是基于生长型设计理念开发的，设计始于工件或被操作对象，结束于原始动力件、控制信息源和结构基础件。因此逆向工程求解，就是从原始动力件、控制信息源和结构基础件，顺序逆向推理到工件或被操作对象，从而最终求解出原始设计模型和设计过程中产品概念结构的逐步变化过程。在搞清楚了每一步设计所产生的新结构变化及其目的后，我们就可以说掌握了该产品设计的过程，并且可以操作计算机重复这个过程。当我们掌握了更多产品的设计过程后，就可以综合应用各设计步骤，创造出新的产品结构。

8.2　工业产品实例

工业生产用工具产品，例如金属切削机床、专用夹具等，因为都有明确的功能和应用目标，是具有代表性的实例。本节以台钻为例介绍工业用产品的应用情况。

8.2.1　产品概念结构原型的快速生成

采用逆向工程过程对已有产品进行逆向求解得到其设计知识，然后在正向设计过程中，应用和扩展这些设计知识，从而达到创新的目的。下面以台钻为例说明这个过程。[1]

（1）首先提供任意一款简单的台钻实体模型，如图 8 - 1 所示。明确实际产品的功能：在长方体表面钻 12mm 以内孔的小台钻；对产品需求进行分析，确定产品操作对象即工件，这里产品操作对象是一长方体铸铁件，要求在长方体表面上钻直径为 $\phi 10mm$ 的孔。

（2）获得实体模型后，通过实际操作详细了解台钻的工作过程及工作原理。

对台钻的功能进行分析，得到台钻的最终目的是实现钻孔的功能，我们可以将该功能分解为三部分：钻头旋转主运动；钻头的进给运动；退刀运动。

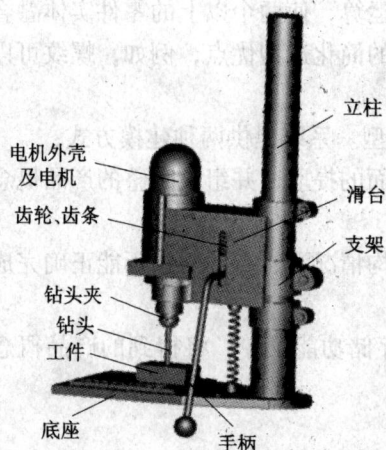

图8-1　台钻实体模型

（3）对实体模型进行拆卸，并将拆卸的每一个零件进行列表（如表8-1所示），并对拆卸的每个零件进行分析，推断出所移除组件的功能或作用。例如，将齿轮与手柄之间连接的平键移除，转动手柄发现，钻头无法实现进给运动功能，分析得到平键在这里是起到传递转矩的作用。要求零件列表中有零件序号、零件名、零件功能、零件材料、零件尺寸等信息。经过以上步骤将对台钻有了更深刻的理解。

表8-1　手动台钻主要零件列表

零件序号	零件名称	功能及作用
1	底座	底座属于结构件，提供机床所有零部件的支撑功能
2	立柱	安装在底座1上，支撑除零件之外的所有零件
3	滑台	安装在立柱2上，用于安装主运动工作零部件
4	支架	安装在立柱2上，用于安装进给运动工作零部件
5	手柄	安装在支架上，通过齿轮等把手力传递给钻头
6	齿轮	传动件，主动轮，工作时驱动齿条运动
7	齿条	齿条属于传动件，把齿轮传递来的运动最终传给钻头
8	电机组件	电机组件提供主运动原动力，经过变速箱，转变为钻头需要的主切削运动
9	弹簧	弹簧属于储能零件，在压缩状态下可提供动力，完成进给运动的回程

（4）在PreD系统中对台钻进行三维建模。手动台钻主要零件的三维模型如表8-2所示。整机模型见图8-1。

表 8-2　手动台钻主要零件的三维模型

1	底座	
2	立柱	
3	滑台	
4	支架	
5	手柄	

续表

6	齿轮		
7	齿条		
8	电机组件		
9	弹簧		

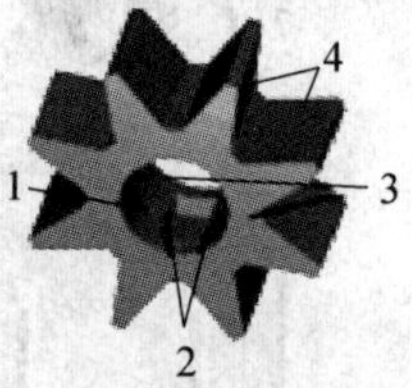

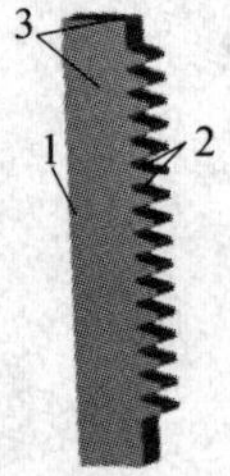

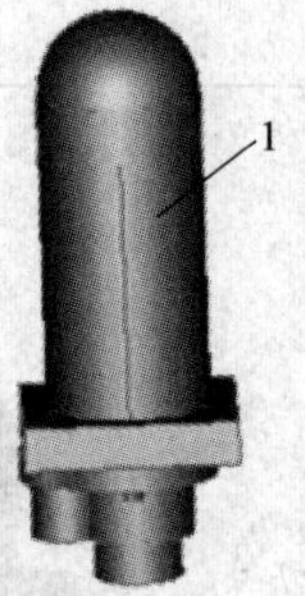

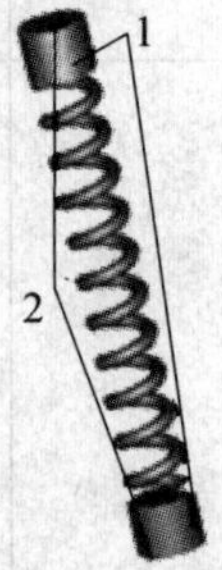

（5）结构简化。例如，滑台上的螺栓、活页和半圆盖融合为一个实体；支架及其上螺钉融为一个实体；手柄、齿轮和平键融为一体；底座与立柱融为一体，等等。产品外表和使用功能不受影响，但是结构则大大简化。

（6）提取台钻功能表面集。如图 8－2 所示，为 PreD 系统自动提取的台钻功能表面集。图 8－2a 采用未简化整体装配结构自动提取，时间较长，模型复杂，还因为结构复杂产生了某些错误；图 8－2b 是装配结构部分简化后自动提取的，比较简单，时间短，错误少，易于处理。比较两图，可以明显看出底座与立柱融为一体，作了简化，还把螺栓全简化掉了。

由于产品结构的复杂性，自动提取程序尚无法达到完善的功能。因而系统同时提供了交互式修改和纠错的功能。

选定每个零件的功能表面后，需要分析每个功能表面的类型和作用。如图 8－3a 所示的支架三维模型，选择确定出 a、b、c 三处功能表面，从而提取出如图 8－3a 所示的支架功能表面集（a、b、c）。功能表面集 a、b、c，它们的作用各不相同，表面 a 几何上是圆柱面，用于立柱安装，起到使支架定位的作用，因而是定位表面，而且属于紧配合（螺钉拧紧）的广义定位情况。而功能表面集 b

和 c 是为了安装其他零件在支架上，因而都是使定表面。台钻主要零件的功能表面情况，详见表 8 - 3。

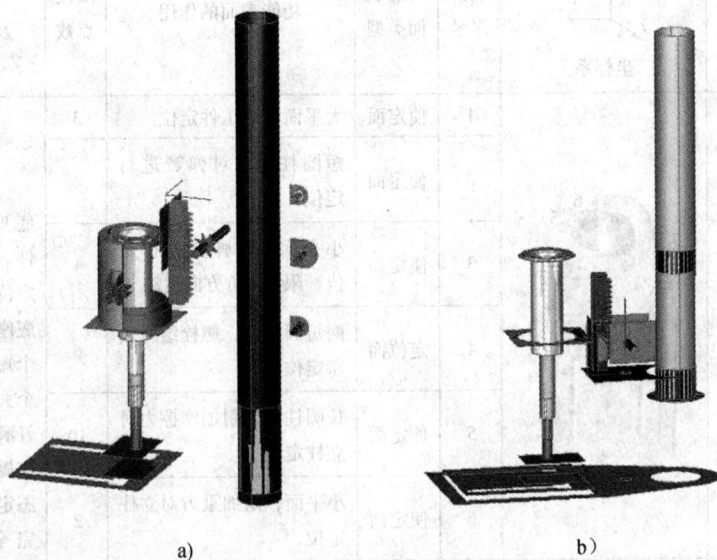

a)　　　　　　　　　　　　b）

图 8 - 2　自动提取的台钻功能表面集

a）未简化自动提取；b）部分简化后自动提取

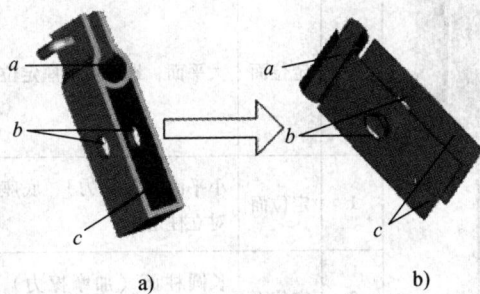

a)　　　　　　　　　　　b)

图 8 - 3　支架的功能表面

a）支架三维模型；b）支架功能表面积

表8-3 手动台钻主要零件功能定位分析图解

零件序号	零件名称	零件图 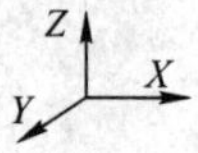 Z X Y 坐标系	表面序号	功能表面类型	功能表面的作用	限位点数	功能模式及问题说明
1	底座	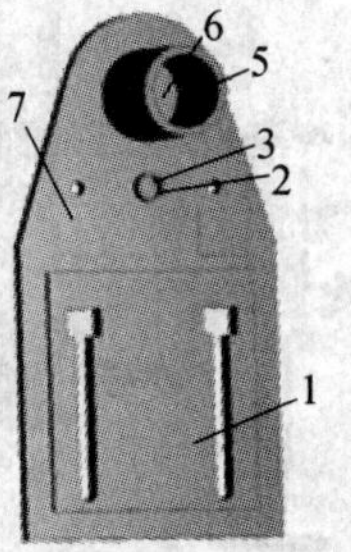	1	使定面	大平面，对工件定位	3	底座属于结构件，要满足广义定位原理，分析底座定位面由两个短圆柱面和两个大平面组成正好满足十二点底座属于结构件静态定位模式中的完全几何定位模式：两面两销定位模式 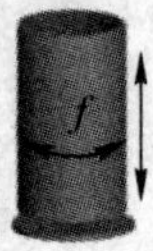
			2	使定面	短圆柱面，对弹簧进行定位	4	
			3	使定面	小平面，对弹簧进行定位，限制 z 负方向运动	1	
			4	定位面	两短圆柱面，螺栓组对底座定位	6	
			5	使定面	长圆柱面，附加摩擦力对立柱定位	10	
			6	使定面	小平面，附加重力对立柱定位	2	
		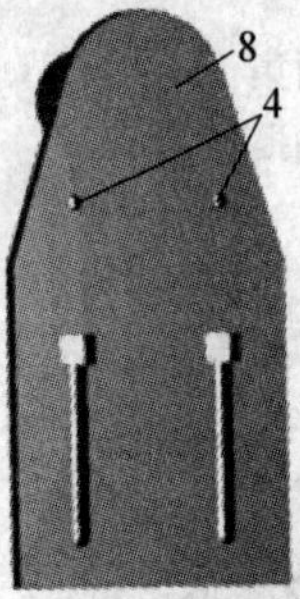	7	定位面	大平面，螺栓组面对底座定位	3	
			8	定位面	大平面，地面对底座定位	3	
2	立柱	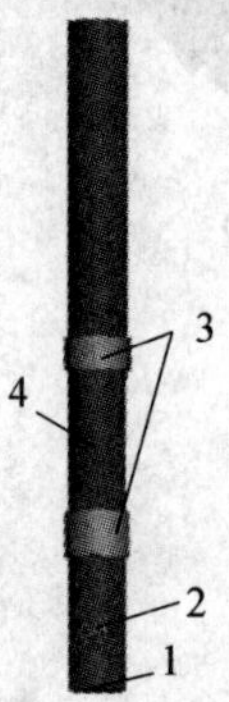	1	定位面	小平面（加重力），底座对立柱定位	2	立柱属于结构件，其定位模式为一小平面（加重力）、一长圆柱面（加摩擦力）组成。如图所示： 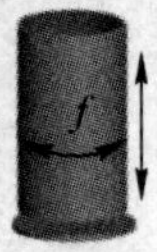
			2	定位面	长圆柱面（加摩擦力），底座对其定位	10	
			3	使定面	长圆柱面，立柱对滑台进行定位	8	
			4	使定面	长圆柱面，立柱对滑台进行定位	12	

续表

零件序号	零件名称	零件图 Z↑ X→ Y↙ 坐标系	表面序号	功能表面类型	功能表面的作用	限位点数	功能模式及问题说明
3	滑台		1	定位面	小平面，弹簧对滑台动态定位	1	滑台属于传动件，定位模式为圆柱导轨传动模式 A
			2	使定面	短圆柱面，滑台对弹簧定位	4	
			3	定位面	两短圆柱面，立柱使滑台定位	8	
			4	使定面	长圆柱面加摩擦力，滑台对电机外壳定位	10	
			5	定位面	齿条传递给滑台向下进给运动的动力	1	
4	支架		1	定位面	长圆柱面（加摩擦力），定位支架	12	支架属结构件，定位模式为一个长圆柱面（加摩擦力)的广义定位
			2	使定面	两短圆柱面，支架对手柄定位	8	
			3	使定面	小平面，支架对手柄定位	1	
			4	使定面	两小平面，支架对齿条定位起导向作用	2	
5	手柄		1	定位面	两短圆柱面，支架对手柄定位	8	手柄属于传动件，定位模式为一个长圆柱面两小平面定位模式
			2	使定面	长圆柱面，手柄对齿轮定位	8	
			3	定位面	小平面，支架对手柄定位	2	
			4	定位面	手握表面，确定手柄的旋转位置		
			5	使定面	平键两侧面，确定齿轮旋转位置	2	

零件序号	零件名称	零件图 Z X Y 坐标系	表面序号	功能表面类型	功能表面的作用	限位点数	功能模式及问题说明
6	齿轮		1	定位面	长圆柱面，手柄对齿轮定位	8	齿轮属于传动件，主动轮，工作时驱动齿条运动，属杠杆传动模式 B
			2	定位面	两小平面，平键对齿轮定位，传递力矩	2	
			3	定位面	两小平面，手柄对齿轮定位	2	
			4	使定面	确定齿条位置	2	
7	齿条		1	焊接面	通过焊接与滑台成为一体，传递给滑台进给需要的动力	2	齿条属于传动件，定位模式为齿条传动模式
			2	动态定位面	两小平面，由齿轮确定位置	2	
			3	定位面	两大平面，支架对齿条（滑台）定位起导向作用	2	
8	电机组件		1	定位面	长圆柱面加摩擦力，滑台对电机定位	10	电机属于原动件，定位模式为电机定位模式
			2	定位面	台阶面加重力，确定电机在滑台上上下位置	2	
			3	使定面	轴端安装钻头组件	12	
9	弹簧		1	定位面	两短圆柱面，底座和滑台分别对其定位	8	弹簧属于传动件，其定位模式为：圆柱导轨传动 B
			2	定位面	底面小平面加重力，底座对其定位	2	
			3	使定面	顶面小平面，确定滑台上移位置		

8.2.2　产品的设计过程逆向求解

从结构基础上开始，逐渐把立柱、支架融合，就得到了产品结构基础模型（如图 8 - 4 所示）：原基座只有底面支撑作用和安装工件的功能；立柱只剩下作滑台导轨的作用；支座起到安装手柄和齿轮并防止滑台转动的作用。

从主运动动力源开始，逐渐把电机、减速器和主轴融合，最后成为有转动要求的钻头了；钻头的外圆柱表面（加旋转动力）就是产品原型的组成部分。

从辅助手动进给源（手）开始，逐渐把手柄、齿轮、齿条（即滑台）和钻头融合（回程运动由弹簧和滑台融合），变成为有进给运动和后退运动要求的钻头了（如图 8 - 5 所示），进一步丰富了产品原型的组成。最终得到台钻的功能原型，如图 8 - 6 所示。

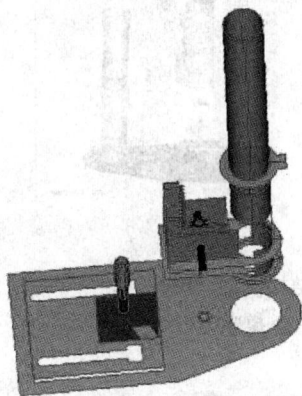

图 8 - 4　产品结构基础模型　　　　图 8 - 5　只有进给运动件的台钻概念结构

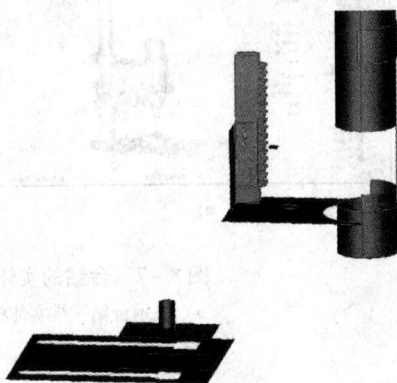

图 8 - 6　台钻的功能结构原型

基于以上设计过程的逆向求解，下面我们来说明台钻产品设计知识的重构过程。

（1）首先在 PreD 系统中显示台钻三维实体造型，如图 8 - 7a 所示。

（2）显示用功能表面集表示的产品概念结构，如图 8 - 7b 所示。

（3）按照功能模式融合的顺序对设计过程知识进行修改：通过"功能信息指定"菜单，来修改表面、零件及整个产品的信息，并存储到产品概念结构链表中。例如，零件底座：

①首先指定底座的功能表面信息如图8-8a所示，这里指的是底座的底面，靠底面定位，定位面为大平面属于狭义功能表面范围，限制三个自由度，接着再指定底座其他表面信息。

②底座表面信息指定完成后，开始指定底座的零件信息，如图8-8b所示。

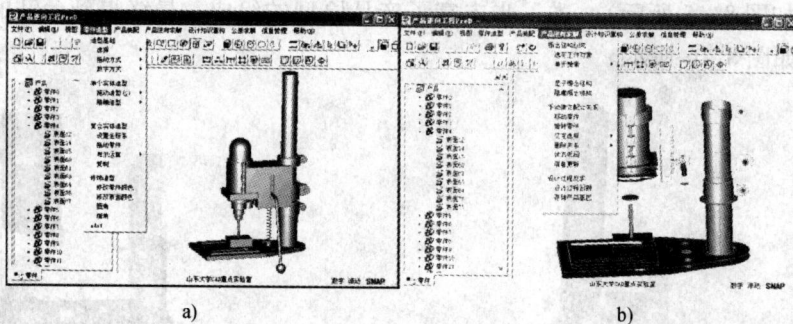

a)   b)

图8-7 台钻的实体模型和概念结构模型

a）显示台钻三维实体模型；b）概念结构模型

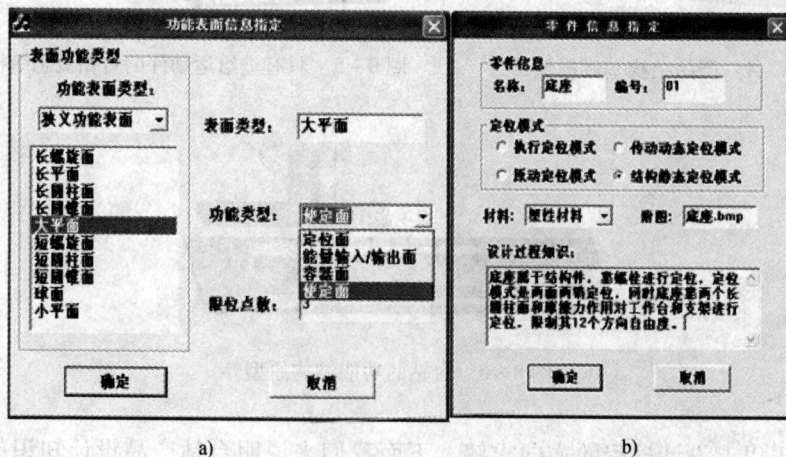

a)   b)

图8-8 底座功能表面及零件信息指定

a）功能表面信息指定；b）零件信息指定

③根据功能表面的作用类型，将零件归属到不同的功能模式，底座的结构如图8-9a 所示，功能表面组成如图8-9b 所示，其定位模式如图8-9c 所示，根据底座的实际尺寸来记录图8-9 中标注的主要参数，存储为概念零件——底座。

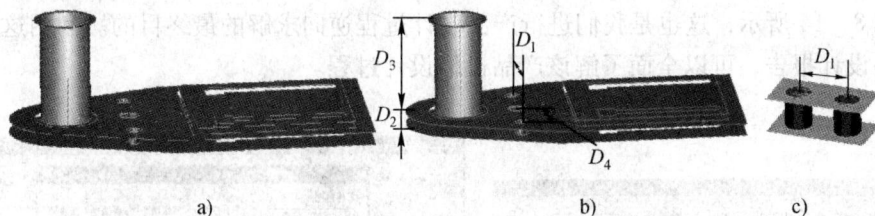

a)　　　　　　　　　　　　　　b)　　　　　　　c)

图 8-9　底座结构基因及功能模式

a）底座的结构；b）功能表面组成；c）定位模式

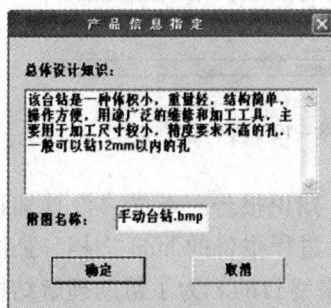

图 8-10　产品知识信息指定

（4）利用同样的方法依次对其他结构件、传动件及执行件进行功能信息指定，最终处理产品的概念结构原型，并指定产品知识信息（如图 8-10 所示）。

8.2.3　产品设计知识查询

通过对产品的逆向求解，创成产品概念结构，分析产品各零件的功能定位关系，对产品信息有了较充分的理解。在得到产品的功能基因和结构基因之后，我们可以将设计过程用到的知识加入到功能表面、功能零件以及产品信息模型中，然后通过产品设计过程回溯，将产品的设计过程及信息形象地表示出来，以便于学生更清晰地了解产品设计的全过程。下面我们将介绍产品设计知识查询的过程。

我们通过版本管理来实现对设计过程的控制和知识的重构，在产品逆向求解的过程中我们将设计中用到的知识加入到功能表面、功能零件和产品中。知识存储的最终目的是为了教学中设计过程查询。下面是产品设计过程中功能表面、功能零件和产品信息的查询界面。

（1）功能表面信息的查询这里我们还是以底座为例，查询底座底面信息如图 8-11 所示，将显示功能表面的表面类型、功能类型和限位点数等信息。

（2）对于功能零件信息的查询如图 8-12 所示，以底座为例，主要包括零件信息、表面信息和设计过程知识等。

（3）对于产品知识的查询如图 8－13 所示，主要包括产品信息、零件信息、总体设计知识和版本信息等。

基于前面介绍的设计知识重构，现在可以形成产品设计报告。点选"设计知识重构"菜单中的"设计报告生成"选项，生成设计过程报告的 html 文档，如图 8－14 所示，这也是我们进行产品设计过程逆向求解的最终目的。利用这个产品设计报告，可以全面了解该产品机械设计过程。

图 8－11　功能表面信息查询

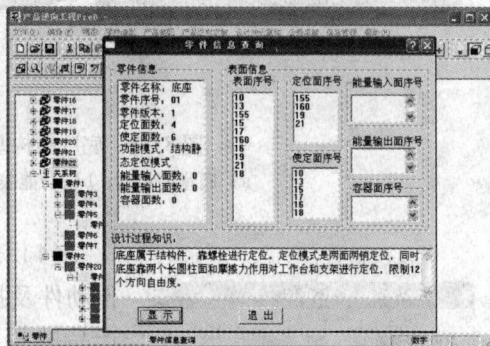

图 8－12　零件信息查询

经过以上设计知识的重构过程，可以形成设计知识报告。点选"设计知识重构"菜单中的"设计报告生成"选项，生成设计过程报告的 html 文档，如图 8－14 所示，这也是我们进行产品基因逆向求解的最终目的。为了帮助理解结构关系，可以画出功能表面关系图（如图 8－15 所示）。

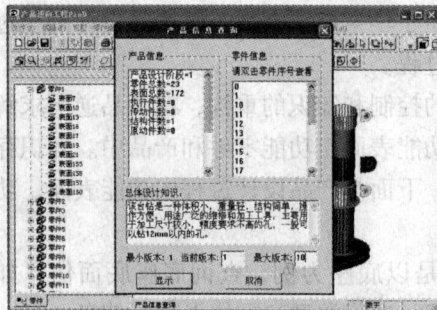

图 8－13　产品知识查询

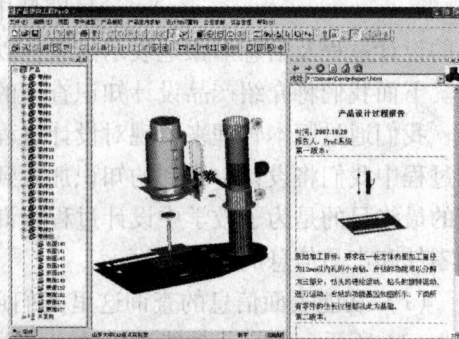

图 8－14　产品设计过程报告生成

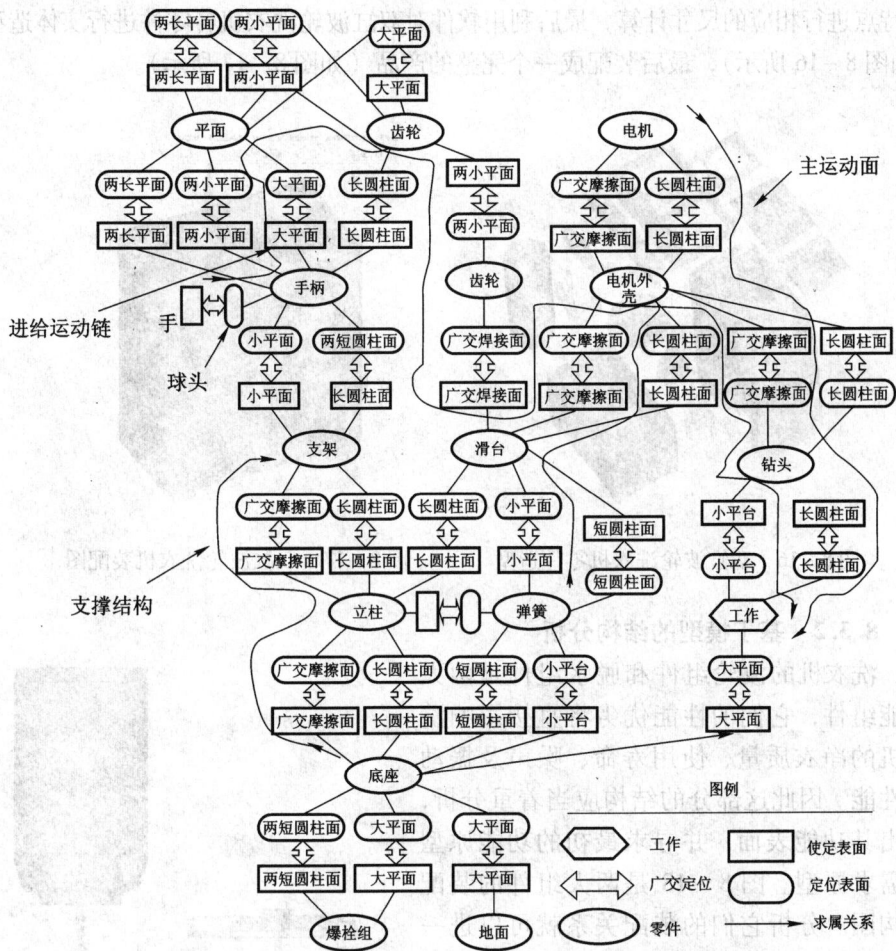

图 8 - 15　台钻功能表面关系图

8.3　家电产品与日用品实例

本节以洗衣机为例介绍逆向工程应用于家电产品的情况。[2], [3]

8.3.1　面向洗衣机原型的快速造型

三维重构模型是反求世界的重要参考数据来源，具体表现在三个方面的作用：
反映原零件的造型特征；反映原零件间的装配关系；提供零件的基本尺寸参考制。

在对洗衣机实体模型进行分拆和测量后，根据实物测量的尺寸，按照 PreD 软件造型特点进行相应的尺寸计算，最后利用软件对双缸波轮洗衣机各零件进行实体造型（如图 8 - 16 所示），最后装配成一个完整的产品（如图 8 - 17 所示）。

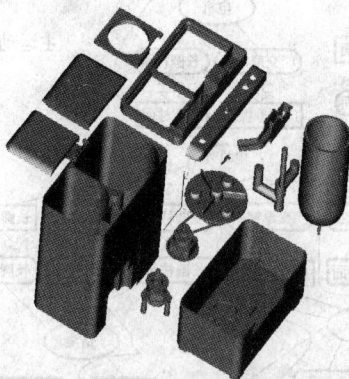

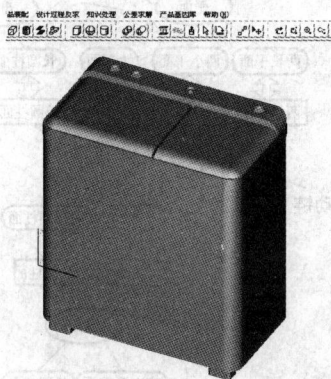

图 8 - 16　双缸波轮洗衣机零件造型　　　　图 8 - 17　双缸波轮洗衣机装配图

8.3.2　基于模型的结构分析

洗衣机的波轮组件和脱水组件是两大功能组件，它们的性能优劣将直接影响洗衣机的净衣质量、使用寿命、噪声及振动等性能。因此这部分的结构应当着重分析，找出其功能表面，并寻求最初的功能原型和需求原型。图 8 - 18 是两大组件的装配结构图。分析它们的装配关系就可以进一步明确功能表面之间的定位关系，如图 8 - 19 所示。

1. 波轮组及洗涤电动机

波轮轴组件是支持波轮、传递动力的重要部件，它是洗衣机整体结构中的关键部件之一，其质量的好坏将直接地影响洗

图 8 - 18　波轮和脱水组件及
电机装配模型

衣机的运行状况、噪声、振动及寿命。与波轮轴组件相关的洗衣机问题主要有：

（1）波轮安装位置不合适。波轮与洗衣桶底间隙越小，水流效果就越差；波轮与洗衣桶底间隙越大，容易使衣物边角或带状物嵌入缝隙内使之撕裂或严重受损。

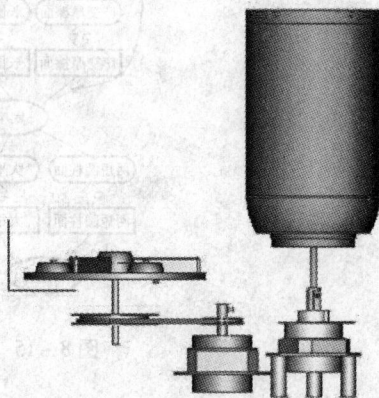

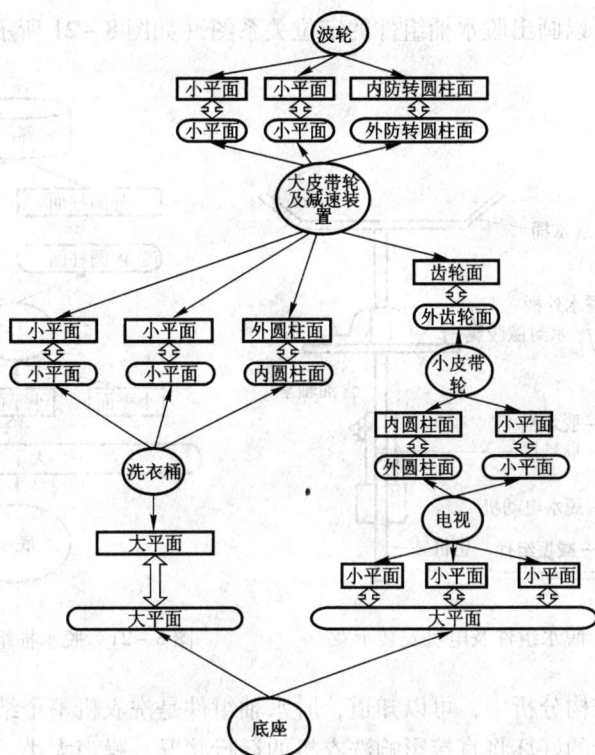

图 8 – 19　波轮组件及波轮电动机安装定位图

（2）波轮轴上的密封圈损坏，导致波轮轴组件内漏水。

（3）波轮轴套筒上的大螺母松动，或者橡胶垫损坏，造成密封不良，波轮轴套周围漏水。

鉴于此，我们结合波轮与电机安装位置图和波轮与电机安装定位图（如图 8 – 20 所示）来分析它们的结构。波轮安装位置受到多个零件的影响，波轮内防转圆柱面与轴外防转圆柱面的配合关系以及大皮带轮减速装置外圆柱面与洗衣桶的内圆柱面的配合关系，两组同轴度应该保证在 0.5～1mm 内，从而保证波轮安装间隙。另外大小皮带轮应该有合理的安装位置，保证在同一平面并可调距离，保证皮带松紧合适。各个功能表面间的定位关系很好地反映了这些，可以看出，分析功能表面有利于理解产品的原始结构并能找到最初的功能原型和结构原型。

2. 脱水组件的结构

由此我们可以画出脱水桶组件的定位关系图（如图 8 – 21 所示）。

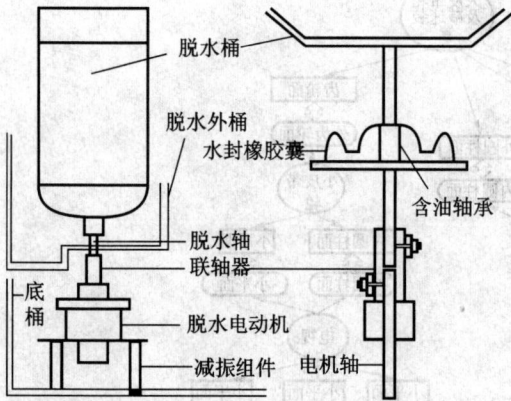

图 8 – 20　脱水组件及电机安装示意　　　图 8 – 21　脱水桶组件定位关系图

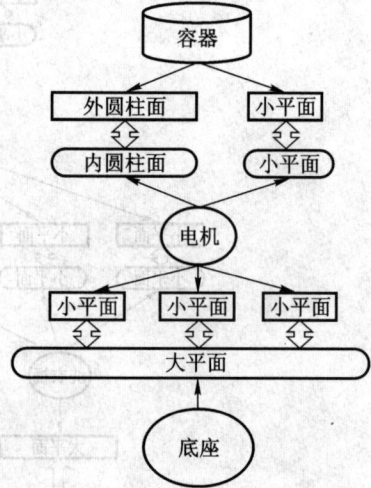

　　从上面的结构分析中，可以知道，脱水轴组件是洗衣机整个结构中的关键部件之一，其质量的好坏将直接影响洗衣机的运行状况、噪声大小、振动情况和整机寿命。这其中，脱水桶轴在运转时是否能够承受偏心负荷、脱水桶轴的各种振动和上下窜动是关键所在。在脱水桶组件定位图及脱水桶轴组件的详细结构图中，我们可以清楚地看出决定这些性能的关键因素：

　　一是容器上"内圆柱面"与电机上"外圆柱面"的定位关系；

　　二是脱水轴与脱水电机轴的联轴器上的"小平面"的定位关系；

　　三是脱水电机下三个"小平面"的定位关系。

　　我们来看一下实际使用中脱水桶问题主要出在哪些方面。以下几点是摘自一本洗衣机维修手册上的内容，它详尽说明了脱水桶抖动问题的产生原因和维修方法。

　　（1）放进脱水桶的衣物不均匀，或没有将内盖压紧，使桶在旋转时，严重失去动平衡。

　　（2）用于脱水电动机下面的三个防振套与弹簧不等高，或者减振性能已坏，或固紧螺钉松脱，使脱水桶向一边倾斜。调节防振弹簧使之等高。

　　（3）脱水桶向一边倾斜，发现这种情况，应先检查各螺钉有无松动情况，若无松动，则说明脱水桶对连接轴产生歪斜，即同轴度不好，对于松动的螺钉应上紧，对于同轴度差的，应重新安装，注意直线度和同轴度，使其调整在 0.5 ~ 1mm 以内即可，若发现脱水周组建里面的联轴法兰、脱水水封已损坏，即按原规格换新的。

（4）脱水轴和脱水电动机轴的联轴器上的连接螺钉松脱，应将紧固螺钉和锁紧螺钉拧紧，拧紧前，要对准脱水轴平槽和脱水电机轴平槽。

除去第 1 点我们不能涉及外，我们来看一下其余三点。第 2 点，脱水电动机下面的三个防振套与弹簧不等高，使脱水桶向一边倾斜。这直接导致的就是三个"小平面"与底座"大平面"定位关系不良。第 3 点，桶轴与联轴器的同轴度问题，这显然是由定位图上容器"外圆柱面"与电机"内圆柱面"的定位关系决定的。再来看一下最后一点，脱水轴与电动机轴及螺钉的问题，螺钉与两轴平槽的关系反映在图上就是"小平面"间的定位关系。

上面的分析表明，在分析产品功能原型时，只要抓住功能表面这一个关键因素即可提取出功能表面，这对我们建立需求原型，进行公差分析，进而创造新的产品是非常重要的一个环节。

3. 产品原型反求

反求过程即是生长型设计的回溯过程，通过产品向功能零件的融合来实现。首先对产品的三维模型进行功能表面提取，在功能零件分析的基础上明确分类：执行功能零件、结构功能零件、传动功能零件、原动功能零件；然后经过使定表面与定位表面的相互消融将两个相邻零件融合，依次进行从而最终得出产品的需求原型。

概念零件的提取是提取零件实体上的功能表面，从而将产品的各个功能表面分解下来，而将非功能表面排除。形成原动功能零件→传动功能零件（可以多级传动）→执行功能零件，结构功能零件起紧固和联结作用，各个功能零件之间均满足广义定位。

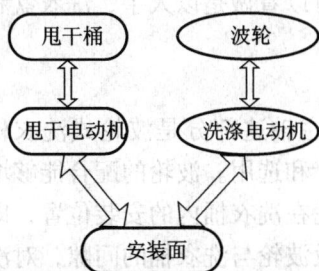

图 8 - 22　洗衣机产品简化
原型结构

产品中装配好的两个相邻零件，必然存在成对的功能表面——使定表面与定位表面，作为单独的零件，此时通过使定表面与定位表面的消融将功能零件融合为新的功能元。

依据洗衣机所要完成的主要功能，我们可以把洗衣机定位为甩干和驱动水转动两部分的主要功能结构的配合，因此双缸波轮洗衣机的最初功能实现思考定位是洗涤和甩干两项功能，据此洗衣机简化结构原型如图 8 - 22 所示。

在此基础上运用 PreD 软件对产品功能原型和

需求原型进行反求。首先对产品的三维装配模型进行装配功能表面提取，在功能分析的基础上把洗衣机主要零件分解为四类功能零件（如图 8 – 23 所示）。

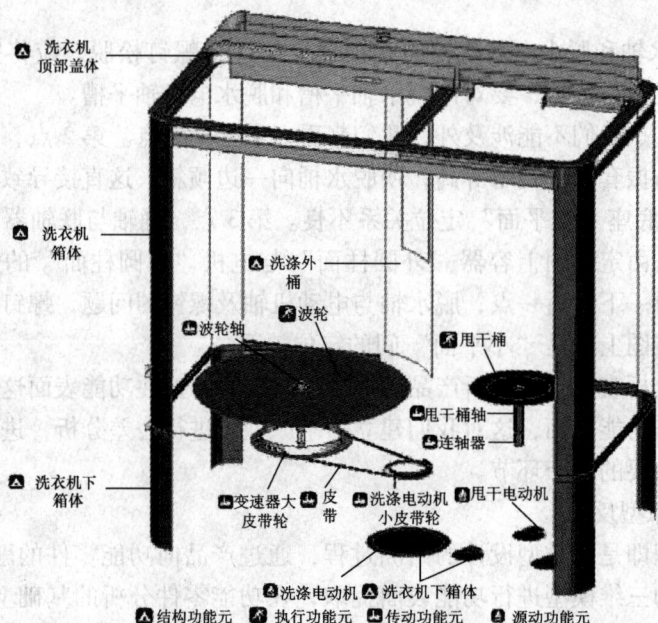

图 8 – 23　洗衣机概念结构提取

在图 8 – 24 中，我们把洗衣机的上、下箱体及顶盖作为结构功能元进行两次耦合，消融洗衣机上箱体和顶盖两个零件，得到图 8 – 24a 中所示耦合后的功能零件结合图，它主要是传动功能件、执行功能件和原动功能件；在图 8 – 24b 中，从洗衣机底箱定位面向上经过 5 次耦合，最终得到如图 8 – 24c 所示的洗衣机需求原型。它是由波轮、洗涤内桶、甩干桶组成的，可以看做是以人手、洗衣盆和洗衣、拧干动作为原始根源思考的需求原型。

4. 公差设计考虑及计算部分

（1）公差设计原始需求。洗衣桶波轮和洗衣机主轴这部分是波轮式洗衣机的主体部分，洗衣桶在造型、尺寸和材料上合理设计和选用。波轮的配合能够增强涡旋，提高洗涤效果。从而，我们可以知道，波轮在洗衣桶内的安装位置，即波轮直径与桶、波轮槽配合尺寸、高低相对尺寸以及波轮与洗衣桶的间隙，对洗涤性能有着直接影响。在日本洗衣机制造业中，对波轮的装配上，尺寸要求有着严格的规定。目前，我国的一些洗衣机厂家对于这一问题没有引起足够重视。如图 8 – 25 所示为波轮的安装位置示意图，其中对装配间隙提出了要求。波轮与洗衣桶底间隙越小，水流效果就越差；波轮与洗衣桶底间隙越大，越容易使衣物边角或带状物嵌入缝隙内使之撕裂或严重受损。

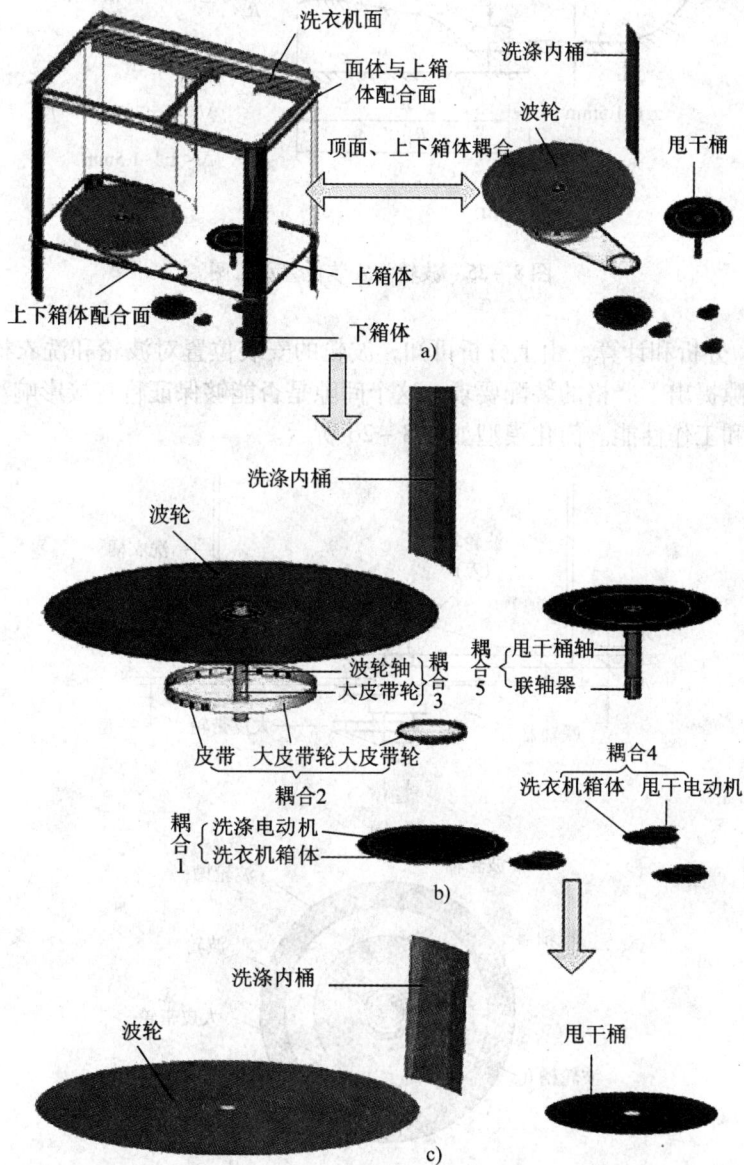

图 8-24　洗衣机产品逆向求解过程

a) 功能零件结合图；b) 耦合；c) 洗衣机需求原型

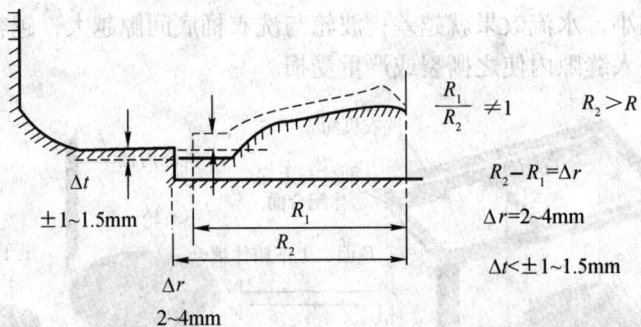

图 8 - 25   波轮的安装位置示意图

（2）分析和计算。由上分析可知，波轮的安装位置对波轮和洗衣桶波轮槽之间的间隙提出了严格的装配要求，这个间隙是否能够保证将直接影响洗衣机的净衣质量和工作性能。简化模型如图 8 - 26 所示。

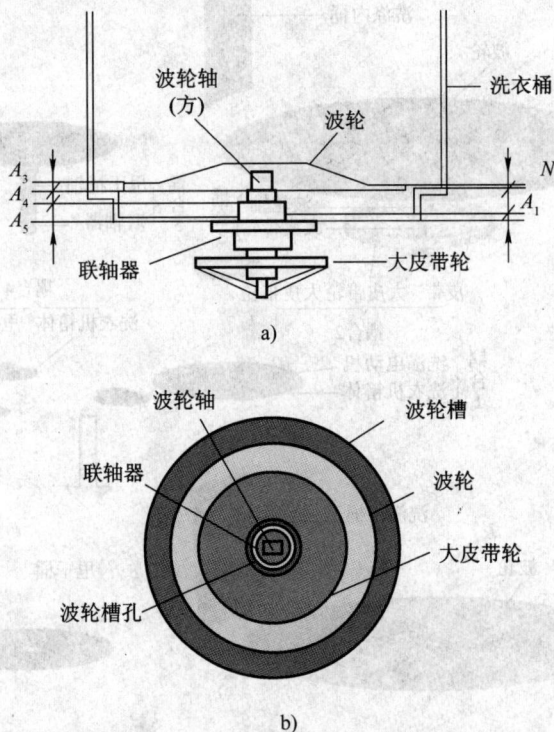

a)

b)

图 8 - 26   波轮组件装配关系简化模型

a）波轮组件装配关系图；b）波轮组件俯视装配关系图

以竖直方向为例，装配尺寸链如图 8 - 27 所示。各环公称尺寸如下：

波轮槽深： $A_1 = 20$mm

洗衣桶底壁厚： $A_2 = 5$mm

波轮厚： $A_3 = 8$mm

波轮轴突台： $A_4 = 3$mm

联轴器上圆柱： $A_5 = 15$mm

其中 N 即装配间隙要求：$N < 1 \sim 1.5$mm

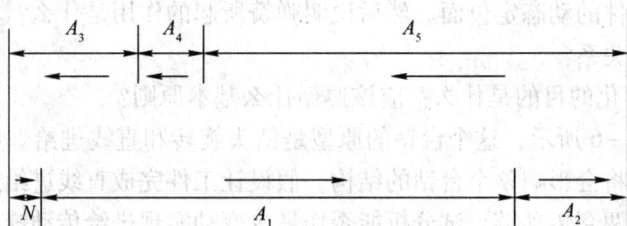

图 8 - 27 波轮组件装配尺寸链图

根据图 8 - 27 所示的尺寸链，计算各组成环公差如下：

① N 为封闭环：公差 $T_0 = 1.5 - 1 = 0.5$mm。

②判别组成环的性质：如图 8 - 27 箭头所示，相异为增环，相同为减环。则：A_3、A_4、A_5 为增环，A_1、A_2 为减环。

③确定各组成环的平均公差 T：$T = T_0/M = 0.5/5 = 0.1$mm。

④调整各组成环公差：根据各组成环的基本尺寸大小，加工难易程度和功能要求，以平均公差为基础调整。由结构图来看，A_5 为轴类，加工容易且尺寸较大，因此取 A_5 作为调整环。取：

$T_3 = 0.15$mm；$T_4 = 0.12$mm；$T_1 = 0.08$mm；$T_2 = 0.05$mm。则：

$$T_5 = T_0 - (T_1 + T_2 + T_3 + T_4)$$
$$= 0.5 - (0.15 + 0.12 + 0.08 + 0.05)$$
$$= 0.1(\text{mm})$$

A_1、A_2 为平面间的长度尺寸，偏差以基本尺寸为分布中心取正负分布。A_3、A_4、A_5 为轴类零件的外尺寸，偏差取负值[7]。

各组成环尺寸偏差标注为：$A_1 = 20^{0.04}_{-0.04}$mm；$A_2 = 5^{+0.025}_{-0.025}$mm；$A_3 = 8^{0}_{-0.15}$mm；$A_4 = 3^{0}_{-0.12}$mm；$A_5 = 15^{0}_{-0.1}$mm。

到此，竖直方向的装配关系我们分析完毕。

思 考 题

1. 根据产品逆向工程进行工程设计，知识库建立的步骤有哪些？

2. 根据传动链和基础支撑部件特征，试把表 8 – 1 列出的主要零件分成两大类。

3. 根据表 8 – 2 中列出的零件造型，试找出钻头进给和退刀运动的传动链并标出各传动零件的动态定位面。然后说明弹簧所起的作用是什么？如何理解操作手柄和弹簧的关系？

4. 结构简化的目的是什么？应该遵循什么基本原则？

5. 如图 8 – 6 所示，这个台钻的原型是钻头旋转和直线进给。如果从这个原型作些改变，将会影响整个台钻的结构。假设让工件完成直线进给运动，则会产生明显分离的两套传动链。试分析能否作最少变动实现进给传动链，并与原来方案比较各自优缺点。

6. 试查找相关设计资料，整理后输入产品生长设计过程的每一步，形成完整的设计知识，并生成设计报告。

7. 选择你所熟悉的一个家电产品，分析其机械结构并画出机械零件功能表面的关系图。

参 考 文 献

[1] 王静静. 基于产品基因的逆向工程的研究与应用 [D]. 济南：山东大学，2008. 5.

[2] 贾吉祥. 基于洗衣机实例的逆向反求设计 [D]. 济南：山东大学，2007. 5.

[3] 王文斌. 基于洗衣机原型的逆向工程和公差设计 [D]. 济南：山东大学，2007. 5.

[4] 李斌. 面向创新设计的产品反求研究 [D]. 济南：山东大学，2007. 5.